码上学技术·绿色农业关键技术系列

玉米
高质高效生产200题

陈亚东 著

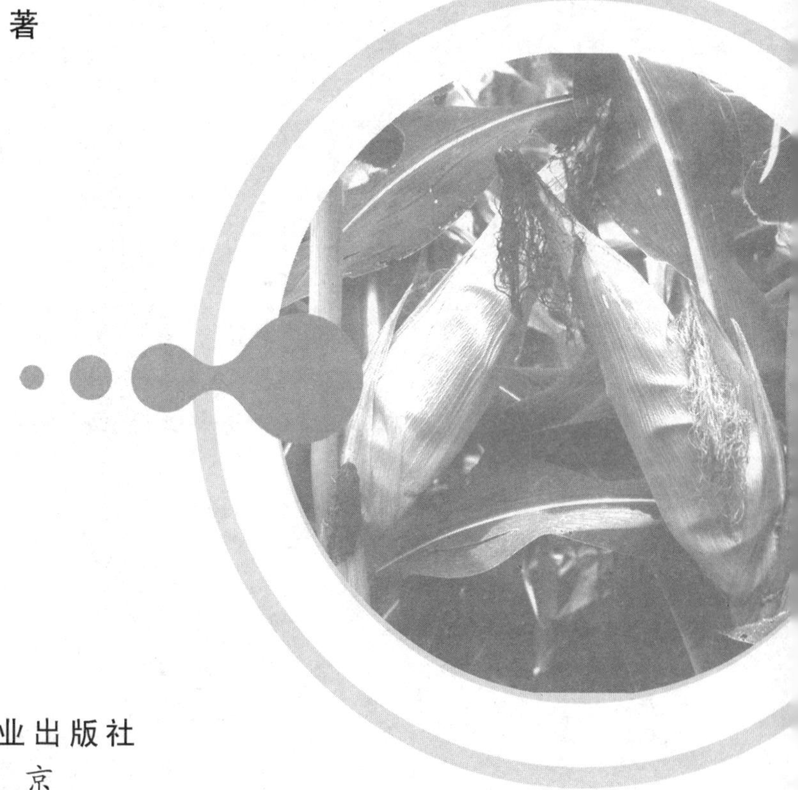

中国农业出版社
北 京

CONTENTS

目录

四、田间管理 ………………………………………………… 34

六、病虫草鼠鸟害防治 …… 67

视 频 目 录

一、玉米基础知识

1. 什么是玉米的生育期？关键生育时期有哪几个？

玉米从播种至成熟的天数，称为生育期。生育期长短与品种、播种期和温度等有关。其关键生育时期可分为以下 10 个。

（1）播种期 即播种的日期，以日、月表示（彩图 1-1）。

（2）出苗期 幼苗叶片出土，苗高约 2 厘米的日期（彩图 1-2）。

（3）拔节期 茎的地面节间伸长达 2 厘米的日期，植株雄穗生长锥进入伸长期，叶龄指数 30 左右（彩图 1-3）。

（4）大喇叭口期 雌穗进入小花分化期、雄穗进入四分体期，叶龄指数 60 左右，棒三叶长出呈喇叭口状（彩图 1-4）。

（5）抽雄期 植株雄穗主轴尖端露出心叶 3～5 厘米的日期（彩图 1-5）。

（6）吐丝期 植株雌穗的花丝从苞叶中伸出 1～2 厘米的日期（彩图 1-6）。

（7）籽粒形成期 植株果穗中部籽粒体积基本建成，胚乳呈清浆状，亦称灌浆期（彩图 1-7）。

（8）乳熟期 植株果穗中部籽粒干重迅速增加并基本建成，胚乳呈乳状至糊状（彩图 1-8）。

（9）蜡熟期 植株果穗中部籽粒干重接近最大值，胚乳呈蜡状，用指甲可以划破（彩图 1-9）。

（10）完熟期 植株雌穗苞叶变黄而松散，籽粒干硬，籽粒种胚下方尖冠处出现黑色层，乳线消失，并呈现出本品种固有的颜色和光泽的日期（彩图 1-10）。

在生产上，通常以全田50%以上植株分别达到上述标准的日期，作为各生育时期的记载标准。

2. 按生育期长短分类，玉米可分为几类？

根据玉米生育期的长短，可分为早、中、晚熟三大类型。

(1) 早熟品种 春播70～100天，活动积温2 000～2 300 ℃；夏播70～80天，活动积温为1 800～2 000 ℃。早熟品种一般植株矮小，叶片数量少，为14～17片。由于生育期的限制，产量潜力较小。

(2) 中熟品种 春播100～120天，活动积温2 300～2 500 ℃；夏播85～110天，活动积温2 100～2 200 ℃。叶片数介于早熟品种和晚熟品种之间，多为18～21片。

(3) 晚熟品种 春播120～150天，活动积温2 500～2 800 ℃；夏播110天以上，活动积温2 300 ℃以上。一般植株高大，叶片数多，多为21～25片。由于生育期长，增产潜力较大。

3. 玉米按品质分类，有哪几种类型？

主要分为两大类：一是普通常规玉米，最普通最普遍种植的玉米；二是特用玉米，指除常规玉米以外的各种类型玉米。传统的特用玉米有甜玉米、糯玉米和爆裂玉米，近些年发展起来的特用玉米有优质蛋白玉米（高赖氨酸玉米）、高油玉米和高淀粉玉米等。由于特用玉米比普通玉米具有更高的技术含量和更大的经济价值，国外把它们称之为“高值玉米”。

(1) 普通玉米 禾本科玉蜀黍属一年生草本植物。别名：玉蜀黍、棒子、苞谷、苞米、苞粟、玉茭等，东北辽宁话称珍珠粒，潮州话称薏米仁，粤语称为粟米，闽南语称作番麦。

(2) 甜玉米 通常分为普通甜玉米、加强甜玉米和超甜玉米。甜玉米对生产技术和采收期的要求比较严格，且货架寿命短。我国现在已经掌握了全套育种技术并积累了一些种质资源，国内育成的各种甜玉米类型基本能够满足市场需求。

(3) 糯玉米 它的生产技术比甜玉米简单得多，与普通玉米相比几乎没有什么特殊要求，采收期比较灵活，货架寿命也比较长，不需要特殊的贮藏、加工条件。糯玉米除鲜食外，还是淀粉加工业的重要原料。我国的糯玉米育种和生产发展非常快。

（4）爆裂玉米 爆裂玉米是一种用于爆制玉米花的玉米类型。爆裂玉米果穗和籽粒都要比普通玉米小，并且结构紧实，坚硬透明，遇高温有较大的膨爆性，即使籽粒被砸成碎块时也不会丧失膨爆力。爆裂玉米花品种达数十种，具有香、甜、酥、脆的特点，与普通玉米花相比，无皮渣，无污染，营养价值高。

（5）优质蛋白玉米（高赖氨酸玉米） 产量不低于普通玉米，而全籽粒赖氨酸含量比普通玉米高80%～100%，在我国的一些地区，已经实现了高产优质相结合。

（6）高油玉米 含油量较高，特别是其中亚油酸和油酸等不饱和脂肪酸的含量达到80%，具有降低血清中的胆固醇、软化血管的作用。此外，高油玉米比普通玉米蛋白质高10%～12%，赖氨酸高20%，维生素含量也较高，是粮、饲、油三兼顾的多功能玉米。

（7）其他特用玉米和品种改良玉米 包括高淀粉专用玉米、青贮玉米、食用玉米杂交品种等。

4. 玉米籽粒类型有哪几种？

玉米籽粒根据其形态、胚乳的结构以及颖壳的有无可分为以下9种类型。

（1）硬粒型 也称燧石型。籽粒多为方圆形，顶部及四周胚乳都是角质，仅中心近胚部分为粉质，故外表半透明有光泽、坚硬饱满。粒色多为黄色，间或有红、紫等色。籽粒品质好，是我国长期以来栽培较多的类型，主要作食粮用。

（2）马齿型 又叫马牙型。籽粒扁平呈长方形，由于粉质的顶部比两侧角质干燥得快，因此顶部的中间下凹，形似马齿，故得名。籽粒表皮皱纹粗糙不透明，多为黄、白色，少数呈紫色或红色，食用品质较差。它是世界上及我国栽培最多的一种类型，适宜制造淀粉和酒精，或作饲料。

（3）半马齿型 也叫中间型。它是由硬粒型和马齿型玉米杂交而成。籽粒顶端凹陷较马齿型浅，有的不凹陷仅呈白色斑点状。顶部的粉质胚乳较马齿型少但比硬粒型多，品质较马齿型好，在我国栽培较多。

(4) 粉质型 又名软质型。胚乳全部为粉质，籽粒乳白色，无光泽。只能作为制取淀粉的原料，在我国很少栽培。

(5) 甜质型 亦称甜玉米。胚乳多为角质，含糖分多，含淀粉较低，因成熟时水分蒸发使籽粒表面皱缩，呈半透明状。多做蔬菜用，我国种植还不多。

(6) 甜粉型 籽粒上半部为角质胚乳，下半部为粉质胚乳。我国很少栽培。

(7) 蜡质型 又名糯质型。籽粒胚乳全部为角质但不透明而且蜡状，胚乳几乎全部由支链淀粉所组成。食性似糯米，黏柔适口。我国只有零星栽培。

(8) 爆裂型 籽粒较小，米粒形或珍珠形，胚乳几乎全部是角质，质地坚硬透明，种皮多为白色或红色。尤其适宜加工爆米花等膨化食品。我国有零星栽培。

(9) 有稃型 籽粒被较长的稃壳包裹，籽粒坚硬，难脱粒，是一种原始类型，无栽培价值。

5. 玉米品种有哪几种株型?

玉米按株型一般分为紧凑型、直立型、中间型三种。

根据叶片的开张角度：分为紧凑型、松散（平展）型、半紧凑型。

根据株高分类：分为高秆型和矮秆型。

按密度可分高密度型、中密度型及稀植型。

6. 玉米是雌雄同株异花作物吗？如何进行授粉?

玉米是雌雄同株异花授粉植物（彩图 2-1）。雄穗着生于茎秆顶部，雌穗属肉穗状花序，着生于植株中部的穗柄（叶腋间的短果枝）顶端。雌穗一般比雄穗抽出稍晚约 2～3 天，整个花期需要 5～7 天，花丝在受精后停止伸长，2～3 天枯萎。

雄穗开花顺序是先主轴后分枝，主轴花枝中上部 1/3 处小穗首先开花散粉，分枝中上部 1/3 小穗随后开花散粉，然后上下两端的小穗顺序开花（彩图 2－2 至彩图 2－5）。玉米雄穗抽出后 2～5 天开始开花，开花后 2～5 天为开花盛期，但以第三、四天开花最多。在晴天情况下，整个开花过程要 5～8 天，上午 7～11 点开花最盛，7～9 点开花最多。雄穗散粉时间一般约 7 天，在雄穗开始散粉后 3 天内完成吐丝的果穗，如果环境条件适宜，则有充足的花粉，授粉结实正常，如果雄穗散粉 5 天以后才完成吐丝的果穗，往往只能赶上雄穗的尾粉，授粉结实受到一定影响，甚至可能完全错过散粉期，不能正常授粉结实，被称为花期不遇。

雌穗在雄穗开花后 2～5 天开始抽出花丝，其顺序是：最先从果穗基部 1/3 处抽出，而后向上向下相继抽出（彩图 2－6 至彩图 2－9）。在同一果穗上，各个小花着生的部位和花丝生长速率不同，花丝伸出苞叶的时间可相差 2～5 天，顶部小花分化最晚，花丝最后抽出。全穗花丝从抽出到完毕约需 5～7 天，最集中的时期为吐丝后的前 3 天。花丝一抽出就有授粉能力，其生活力通常可维持10～15 天左右，但生活力最强时期是吐丝后 1～5 天，花丝的各个部位都可以接受花粉而受精。玉米授粉后 24 小时就可完成受精过程，花丝授粉后，由黄绿色变紫红色，不再伸长，2～3 天后干枯。受精 20 天后的种子便具有发芽的能力。见视频 1。

视频 1
玉米吐丝授粉

7. 什么是玉米的水分“临界期”?

玉米抽雄前后（前 10 天，后 20 天）是玉米一生中对水分需求量大、反应敏感的时期，通常将此期称为玉米需水临界期。处于临界期的玉米植株，对水分要求迫切，反应敏感，此时缺水减产严重，遇旱一定要及时浇水。

8. 什么是玉米营养“临界期”?

玉米磷素营养临界期在三叶期，一般是种子营养转向土壤营养时期；玉米氮素临界期则比磷稍后，通常在营养生长转向营养生长和生殖生长并进的拔节孕穗期。临界期对养分需求并不多，但养分要全面，比例要适宜。这个时期营养元素过多、过少或者不平衡，对玉米生长发育都将产生明显不良影响，而且以后无论怎样补充缺乏的营养元素都无济于事。玉米营养临界期一般都在生育前期，近年来，由于底肥施用充足，营养缺乏状况极少。

9. 不同生长时期玉米对养分的需求有什么特点？

每个生长时期玉米需要养分比例不同。将玉米一生所需养分分别假定为100%，那么玉米从出苗到拔节，吸收氮2.50%、有效磷1.12%、有效钾3%；从拔节到开花，吸收氮51.15%、有效磷63.81%、有效钾97%；从开花到成熟，吸收氮46.35%、有效磷35.07%、有效钾0%。根据玉米不同生长时期对养分的需求特点，应加强玉米中后期施肥管理。

10. 什么是“棒三叶”？有什么作用？

玉米果穗着生在植株的“腰间”，该节穗位叶及其上、下各1叶，称为“棒三叶”（彩图3-1）。在整个植株中，棒三叶（果穗叶和上下叶）叶片长宽最大、叶面积最大、单叶干重最重。这有利于果穗干物质积累，也因为棒三叶对籽粒产量贡献最大。，因此在生产上要注意通过合理肥水管理适当扩大“棒三叶”面积，保护棒三叶不受伤害。

二、整地与播种

11. 什么是深松耕？作用是什么？

深松耕是用深松铲或凿形犁等松土农具疏松土壤而不翻转土层的一种深耕方法。深度可达 20 厘米以上。适于经长期耕翻后形成犁底层、耕层有黏土硬盘或白浆层或土层厚而耕层薄不宜深翻的土地。

作用：①打破犁底层，加深耕层。②不翻土层，后茬作物能充分利用原耕层的养分，保持微生物区系，减轻对下层嫌气性微生物的抑制。③蓄雨贮墒，减少地面径流。④保留残茬，减轻风蚀、水蚀。

12. 北方春玉米田为什么提倡秋季整地？

秋季前茬作物收获后应立即灭茬整地。俗话说“秋天整地一碗油，春天整地白打牛”。主要原因有以下几点：

（1）蓄水保墒，提高地温 秋季耕翻可容纳较多的雨水，起到蓄水保墒的抗旱作用。土壤疏松有利于吸热提温，使春玉米适当早播，充分利用无霜期。而春季整地由于接纳雨雪少，土壤缝隙大，墒情差往往出苗不好。

（2）加深活土层，疏通空气 提高了抗旱、抗倒能力。

（3）熟化生土，增加有效养分 秋冬耕翻整地，将生土翻到地表，经过一个冬季的风化，可将生土变熟土。另外，耕翻后土壤的水、气、热协调，有益于微生物的活动，促进了养分的分解转化，为玉米苗期健壮生长提供了良好的环境。

(4) 消灭病虫草害 秋季整地可将有害病虫和杂草种子埋入深层土壤中，或将已潜伏地下准备越冬的害虫翻到地面冻死或被鸟雀啄食。

13. 秸秆还田有什么利弊?

有利的一面是：秸秆还田（彩图 4-1、彩图 4-2）是一项培肥地力的增产措施，能增加土壤有机质，改良土壤结构，使土壤疏松，孔隙度增加，容量减轻，促进微生物活力和作物根系的发育。

有害的一面是：由于秸秆还田量过大或不均匀，易发生土壤微生物（即秸秆转化的微生物）与作物幼苗争夺养分的矛盾，甚至出现黄苗、死苗、减产等现象；秸秆翻压还田后，使土壤变得过松，孔隙大小比例不均，大孔隙过多，导致跑墒，容易死苗；易发生病虫害，尤其是借助秸秆和病残体越冬的病虫害，如玉米螟、瘤黑粉病、丝黑穗病等。

14. 秸秆还田时应采取哪些技术措施?

(1) 秸秆还田一般作基肥用 因为其养分释放慢，施用晚了当季作物无法吸收利用。

(2) 秸秆还田数量要适中 一般秸秆还田量每亩* 折干重 150～250 千克为宜，在数量较多时应配合相应耕作措施并增施适量氮肥。

(3) 秸秆施用要均匀 如果不匀，则厚处很难耕翻入土，使田面高低不平，易造成作物生长不齐、出苗不匀等现象。

(4) 适量深施速效氮肥以调节适宜的碳氮比 避免发生微生物与作物共同争氮而引起的苗黄、苗弱。

(5) 播后灌水或石磙压实 秸秆还田导致土壤疏松，播种后应适时灌水，或用石磙碾压，使土壤与种子接触紧密，能够正常发芽。

15. 保护性耕作的具体内容是什么?

保护性耕作是指通过少耕、免耕、地表微地形改造技术及地表

---

* 亩为非法定计量单位，15 亩=1 公顷。下同。——编者注

覆盖、合理种植等综合配套措施，从而减少农田土壤侵蚀，保护农田生态环境，并获得生态效益、经济效益及社会效益协调发展的可持续农业技术。其核心技术包括少耕、免耕、缓坡地等高耕作、沟垄耕作、残茬覆盖耕作、秸秆覆盖等农田土壤表面耕作技术及其配套的专用机具等，配套技术包括绿色覆盖种植、作物轮作、带状种植、多作种植、合理密植、沙化草地恢复以及农田防护林建设等。

16. 夏玉米免耕直播有什么好处？

夏玉米免耕直播技术（彩图 5－1），是在小麦收获后，为增加玉米生长所需要的积温，达到高产目的的一种夏玉米播种方法（视频 2）。该方法具有如下优点：

视频 2
夏玉米免耕
贴茬直播

（1）改良土壤，保护环境 夏玉米免耕播种既改良了土壤，又保护了环境。

（2）增加肥效，提高地力 由于不深耕，麦茬留于地表，接受阳光多，气温高，比埋在地里腐烂快，有利于增加肥效，提高地力，而且在腐烂时产生的二氧化碳气体可促进玉米的光合作用，利于玉米生长。

（3）争得积温，保证株数 采用夏玉米免耕播种，可比翻耕后播种提前 1～2 天，为早腾茬和下茬适时播种创造了条件。

（4）增强抗倒伏能力 玉米茎秆高，生长过程遭遇风雨，如旋耕后播种，遇风雨土壤松软容易倒伏。

（5）蓄水保墒 如墒情适中，深翻后播种会加速水分蒸发，不利于种子发芽；如墒情差，为保证发芽出苗，需要浇水，旋耕的土壤比免耕播种地块亩用水量多一倍。

17. 如何确定玉米适宜的播种日期？

由于我国玉米种植面积大，全国各地的玉米播种期也不一样。北方地区种植的夏玉米在上茬小麦收获后要及时播种，玉米既能有充足的生长时间，下茬小麦又能及时播种。春播玉米必须掌握适当的播种期，使玉米既能顺利出苗，又使出苗后有足够的生育时间，到初霜降临时能正常成熟。

有些地区播种过早，易造成掐脖旱。如唐山等北部地区十年九春旱，如果在4月底5月初播种，6月底7月上中旬玉米正处于大喇叭口期，而该时期有效降雨却较少，又缺乏水浇条件，从而造成掐脖旱。播种过早，苗期正处于蓟马、灰飞虱迁飞高峰，还容易造成蓟马、灰飞虱严重危害，引起玉米粗缩病。如2004年唐山地区粗缩病大发生，2008年蓟马大发生。

在无霜期短的地区，春玉米的适宜播种期应根据当地生态条件选择生育期适宜的品种基础上，以5～10厘米土层温度稳定通过12℃时为宜。在应用地膜覆盖栽培技术前提下，可在5～10厘米土层温度达到10℃时及早播种。无霜期长的地区（如河北唐山）春玉米可以适当晚播，推迟到5月底6月初，既可避免掐脖旱又能避开害虫迁飞期。

18. 玉米适宜的播种深度是多少？

玉米的播种深度在土壤墒情正常情况下以3～6厘米为宜，墒情好宜浅播，墒情差宜深播。北方春播玉米春季播种时，风多风大，若播种过浅，表层土壤易失墒干旱，使玉米种子吸水不足而不能出苗；南方地区气候湿润，土壤含水量高，墒情好，若播种过深，种子可以充分吸水萌动，但因土层较深，种子胚轴需不断伸长才能顶出地面，消耗养分较多而使幼苗细弱，出苗也较迟。因此各地一定要根据当地实际情况，掌握适宜的播种深度。北方早春地膜或小拱棚直播鲜食玉米，播种深度以2～3厘米为宜，可提早发芽出苗。

19. 合理密植为什么会增产？

玉米高产栽培必须做到合理密植，即根据当地自然条件、生产条件和品种特性，建立一种高产的玉米群体结构，从而达到高产、优质、高效的目的。

玉米产量是由亩穗数、穗粒数和粒重构成。试验表明，随种植密度的增加，亩穗数增加，而穗粒数和粒重降低，合理密植增产的原因是穗数增加的产量大于由于粒数、粒重降低而减少的产量，如果是增穗增加的产量小于由于粒数、粒重降低而减少的产量，则说明群体过密。

一般情况下，产量构成因素对产量的调节作用是穗粒数＞单位穗数＞千粒重。但针对不同条件，三因素的作用亦有变化：在低产田中产条件下（200～400 千克/亩），亩穗数是关键因素，应通过增穗而增产；而在中产田高产条件下（400～700 千克/亩），穗粒数起主导作用，应通过增粒增产；在更高产条件下，主要是在稳定穗数的基础上，以提高穗粒数和千粒重夺取高产。总之，玉米要高产，穗足是基础，粒多是关键，粒重是保证。

20. 怎样才能做到合理密植？

玉米的适宜种植密度受品种特性、土壤肥力、气候条件、土地状况、管理水平等因素的影响。因此，确定适宜密度时，应根据上述因素综合考虑，因地制宜。

（1）根据杂交种的特性确定密度　株型紧凑和抗倒品种宜密，株型平展、抗倒性差的品种宜稀，不同品种有不同的密度要求（根据品种说明）。植株高大、叶片数多、叶片较平展、群体透光性差的品种一般耐密性差，种植密度不宜过高，以 2 800～3 500 株/亩为宜，如强硕 68、丹玉 405、宏硕 978 等品种。植株较矮、叶片上冲、株型紧凑、群体透光性好的品种或茎秆坚韧、根系发达的品种耐密性强，可种植 5 000～6 000 株/亩，如德美亚系列、华美 1 号等品种。一些株型紧凑但抗倒能力稍差的品种，适宜密度为 4 000～5 000 株/亩，如迪卡 517、京科 728、迪卡 653、陕科 6 号、明科玉 77 等品种。还有一些紧凑大穗型的品种，个体生产能力强、群体增产潜力大，一般可控制在 3 800～4 500 株/亩范围内，如沧玉 76、伟科 702、登海 605、登海 685、华农 866 等品种。

（2）肥地宜密，薄地宜稀　地力水平是决定种植密度的重要因素之一。在土壤肥力基础较低、施肥量较少、产量在 500 千克/亩以下的地块，由于肥力不足、密度过高，会出现植株营养不良、空秆增多、植株早衰、秃尖重、产量低，这样的地块种植密度不宜太高，应取品种适宜密度范围的下限值；在地肥、施肥量又多的高产田，要采用抗倒、抗病能力强的品种，取其适宜范围的上限值；中等肥力的地块宜取品种适宜密度范围的中间值。

(3) 梯田、阳坡地和沙壤土地块宜密，低洼地、平原地、黏重土地块宜稀 品种适宜的种植密度与地块的地理位置和土质也有关系。一般梯田、阳坡地，由于通风透光条件好，种植密度宜高一些；土壤透气性好的沙土或沙壤土地块宜种得密些；低洼地、平原地通风差，黏土地透气性差，宜种得稀一些，一般每亩种植株数可相差200～300株。

(4) 日照时数长、昼夜温差大的地区宜密 在光照时间长、昼夜温差较大的地区，光合作用时间长，呼吸消耗少，种植密度可适宜大一些。

(5) 精细管理的宜密，粗放管理的宜稀 在精播细管条件下，种植宜密，原因是精细栽培可以提高玉米群体的整齐度，减少以强欺弱、以大压小的情况发生；反之，在粗放栽培的情况下，种植密度偏稀些为宜。

(6) 有灌溉条件的宜密，无灌溉条件的宜稀 玉米是需水较多的作物，密度增加后，需水量增多。因此，灌溉条件较好的地方，玉米密度可适当密些；干旱和水浇条件差的，应适当稀些。

上述原则应综合考虑，灵活运用。一般情况下，平展叶型品种密度为2 800～3 500株/亩，半紧凑型品种为3 500～4 000株/亩，紧凑型品种4 000～6 000株/亩。

21. 玉米等行距和大小行种植各有什么优缺点？

等行距种植方式（彩图6-1）一般行距50～80厘米。在此范围内，春玉米行距宜宽，夏玉米行距宜窄，株距随密度而定。该种植方法玉米个体在田间分布均匀，能充分利用光能和地力，但在地肥、密度较大的情况下，生育后期群体和个体矛盾较大，通风透光不良，中下部光照不足，光合效率低，影响产量的提高。一般随地力的提高，采用加大行距缩小株距的方法。

大小行种植方式（彩图6-2）一般大行距70～90厘米、小行距

40～50 厘米，株距由密度决定。该种植方法玉米个体在田间分布不均，生育前期不能充分利用光能和地力，但在生育后期田间通风透光较好，中下部光照充足，适宜高水肥密度大的丰产田。

各地要根据实际情况选择不同行距的种植模式，如黄淮海夏玉米种植区和京津冀早熟夏玉米种植区，由于种植密度高，可选择大小行种植模式，从而有效控制空秆、香蕉穗、缺粒等生长异常现象的发生；燕山山麓等梯田及类似地区，由于地块狭长，通风透光好，可选择等行距种植。

22. 不同行（垄）向对玉米产量有影响吗？

玉米种植的行（垄）向会受到地块的走势、地块的长宽比、地块的形状、耕种习惯、邻近地块种植行（垄）向等多方面影响（彩图 7－1），不宜轻易改变。因此，农民朋友不必刻意改变已有玉米种植行（垄）向，以免造成不必要的损失，一定要因地制宜。据相关研究，华北地区玉米种植选择行（垄）向以东西向为宜，而黑龙江地区则以南北向产量最高。

23. 玉米地膜覆盖栽培有什么好处？

玉米地膜覆盖栽培技术在我国北方地区应用面积比较大，覆盖形式多样（彩图 8－1 至彩图 8－3），不仅显著提高了玉米籽粒产量，而且鲜食玉米可以提早上市，增加了经济效益（视频 3）。其具体好处有以下几点：

视频 3
玉米地膜
覆盖栽培

(1) 增温保温　据测定，覆膜玉米全生育期 5 厘米土层日平均温度比露地玉米田高 1.5～2.5 ℃，＞10 ℃活动积温增加 200～300 ℃，特别是从播种至出苗期间，增温效果明显，为早播种、早出苗创造了条件。

(2) 保湿防旱　覆膜能阻止表层土壤水分直接蒸发，增加表层土壤水分含量，具有抗旱保墒作用。据测定，在干旱时，土壤水分含量可提高 3％～5％，有利于干旱地区玉米出苗和后期抗旱。

(3) 改善土壤理化性状　覆膜为土壤微生物活动创造了有利的水

分、温度等条件，可促进微生物的活动和繁殖，提高各种土壤酶的活性，加速了土壤养分的有效化过程，提高了土壤的供肥能力，为玉米的生长发育打下了良好的土壤基础。

(4) 促进玉米发育，提早成熟 地膜覆盖栽培一般可使玉米早出苗5～7天，早抽雄10天左右，早成熟10～15天。从而既可以利用有限的生长季节，又可以避开干旱的不利影响。

(5) 提高产量 由于地膜覆盖协调了土壤中水、气、热的关系，促进了玉米根系的生长发育，因而地上部生长健壮，同时可改善玉米经济性状，提高产量。

地膜覆盖栽培技术虽然提高了玉米的产量和经济效益，但也造成了很严重的白色污染，因此玉米收获后应及时清理土壤里的残膜，以免造成土壤污染。

24. 玉米生长期间中耕有什么好处?

(1) 疏松土壤，流通空气，提高地温 即“锄底下有火”。长时间降雨或排涝后及时进行深中耕5～7厘米，可疏松土壤，使热空气进入土壤缝隙，有效提高玉米根部土壤温度，促进根系正常生长发育。

(2) 调节水分，防旱保墒，促进玉米生长 即“锄底下有水”。干旱初期，可进行浅中耕。具体方法：用锄头浅锄2～3厘米土层，将土块打碎成细土回铺，可切断土壤毛细管道与表土的连接，减少深层土壤水分蒸发（彩图9-1）。

(3) 防除杂草（彩图9-2）

(4) 提高地温，活化土壤养分 中耕提高地温后，可促进微生物活动，分解土壤养分，增加土壤有效养分含量，即“锄底下有肥”。

见视频4。

视频4
中耕

三、品种与种子

25. 如何选购适宜的玉米品种？

以冀东地区农民选购品种举例说明，其他地区可参考这些方法选择本地适宜的品种。

（1）购买种植过表现好的品种，或当地种植面积比较大的玉米品种 自己种过的品种，长什么样，易得什么病，抗倒性、抗旱性如何，自己心里有数，出了问题也有应对方法。在当地大面积种植过几年的品种，基本上已适应当地的气候，稳定性强，生产上出现各种灾难性损失的可能性就较小。

禁忌购买新、奇、特品种，尤其是耕地比较少的农户，风险性比较大。种植大户、家庭农场或合作社，可以适当种植一些新品种，经过筛选试验再扩大种植。

（2）根据有无灌溉条件来选择玉米品种 有灌溉条件的地区，不怕干旱胁迫，可以选择丰产性好、生长期短的品种，如MC220、农大372、陕科6号、裕丰303、伟科702等品种。无灌溉条件且完全靠雨养的地区，应选择耐干旱瘠薄品种，如强硕68、宏硕978、华春1号等品种。

（3）根据种植习惯选择玉米品种 如种植密度在5 000株/亩以上的高密植地区，应选择耐密植耐寡照的玉米品种，如MC220、纪元系列品种、MC812、明科玉77等品种，这些品种出现空秆、畸形穗的概率较低。

种植密度在4 000～4 200株/亩的区域，可选择脱水快、丰产性好的美系品种，如先玉335、荃玉1 233、裕丰303等品种。

(4) 北部山区应根据地势地力来选择玉米品种 北部山区地势高低不平，地力肥力等级不一，应根据不同地势、不同地力来选择品种。如山坡上部，土层较薄，容易遭受干旱危害，应选择生育期为130天以上的品种，如彩图10-1中左侧玉米品种。这类品种根深秆壮，叶色肥厚浓绿，抗旱性强，种植密度在2 800～3 000株/亩，主要品种有强硕68、盛单219、丹玉405、宏硕978等。

半山坡土层深厚的梯田，可以选择沈海509、和玉1号、华春1号等抗旱性较强、生育期在127～128天的品种。这类品种不仅稳产，在雨量充沛的年景，也可获得高产。

在山脚洼地或平地，土层深厚，地力水平较高，可以选择生育期相对较短的品种，如登海685、沧玉76、先玉335、明科玉77、伟科702等品种。这类品种建议留苗3 500～3 800株/亩，不可过密。

(5) 根据土壤质地选择玉米品种 沙壤土地块，保水保肥能力差，应选择生长期长、植株高大、根系发达的高秆大穗型品种，而中壤土地块（好地）选择丰产性好的品种。

(6) 根据播种期选择玉米品种 如冀东地区的迁安、迁西、丰润等山区，播种时间早，应选择生长期较长的品种，如强硕68、华春1号、沈海509等。玉田杨家套、丰润李钊庄等地区早春种植玉米，下茬种植萝卜、白菜、芥菜。因此，种植的玉米品种不仅要求能够正常成熟，而且要求脱水快，好贮藏，可选择京农科728、京农科738等品种。

(7) 根据下茬作物种类、玉米收获方式来选择玉米品种 夏玉米种植区，玉米收获后来年种植花生等农作物的，或作为青贮玉米收获的，可选择生长期略长的沃玉3号、玉单2号、大地916等品种。夏玉米以收获籽粒为目的且收获后种植小麦的，可选择京农科728、MC812、农大372等脱水快的籽粒品种。

(8) 根据种植规模搭配品种熟性 根据耕地多少来选择不同熟期，不同品种，进行搭配种植。

(9) 选择高品质种子 尽量选择发芽率93%以上的精品种子，发芽率高，发芽势就强，出苗整齐划一，基本无弱苗小苗。

(10) 同一品种选择发芽率高、价格便宜的种子购买 首先看发芽率，发芽率93%以上的胜出。其次称重量，质量高的胜出。籽粒数量一定，质量越高，单个籽粒就越饱满，植株就越强壮。再次看价格，价格便宜的胜出。如郑单958，不论哪个厂家的，其亲本都是昌7-2和郑58，种子基因是一样的，不会因厂家不同而长势不一样。

26. 玉米新、陈种子如何鉴别?

一般玉米种子储存得当，陈种子的发芽率达到国家种子标准时，完全可以继续利用。生理区别是陈种子生活力弱，发芽率和发芽势都比新种子低，田间拱土能力差，这也是生产上常发生的“有芽无势”，即种子在土中已发芽但扭曲，无法露出地面形成幼苗的原因。

新、陈种子的形态区别主要是种子光泽。与新种子（同一品种）相比，陈种子经过长时间的贮存干燥，由于种子自身呼吸导致养分消耗，颜色往往发暗、发白，无光泽，胚部较硬，用手掐其胚部，角质较少，粉质较多，如彩图11-1。陈种子易被米象等虫蛀，胚部有细圆孔等（彩图11-2），将手伸进种子袋里抽出时，手上有粉末。

27. 什么是假种子?

(1) 以非种子冒充种子或者以此品种种子冒充彼品种种子的 “非种子”是指不能作为种子使用的材料，如普通商品粮、育种过程中的中间材料以及沙粒、草籽等。“以此品种种子冒充彼品种种子”往往是将淘汰的或农民不欢迎的品种冒充优良品种，将价格低的品种冒充价格高的品种。

(2) 种子种类、品种、产地与标签标注的内容不符的 种子标签是用种者购买和使用种子的重要依据，也是种子生产者和经销者向使用者的质量承诺。种子的种类、品种的说明要在包装上的标签中得到体现。消费者购种以后，按品种要求的条件种植，若出现问题也便于追查责任。如标签上标明果穗穗轴为白色，但收获的果穗穗轴为粉色或红色，可判断该品种为假种子。

28. 什么是劣种子？

（1）质量低于国家规定的种用标准的种子 国家规定的种子质量标准主要有四项指标：种子含水量、种子净度、发芽率和品种纯度。国家对大部分农作物有明确的种用标准。这些标准是种子在田间正常生长，得以收获的前提。彩图12－1为农户购买的散种子，因纯度不够，秸秆高低不齐，雄穗分枝多样，可判断为劣种子。

（2）质量低于标签标注指标的 依据种子质量是否达到标签标注的质量指标可以判定种子是否劣质。特别是对于国外引进的品种或国家对此种作物没有规定种用标准的，可以根据标签标注的质量指标来鉴别和衡量。种子的质量不能低于其标签上各项标注。

（3）因变质不能作种子使用的

（4）杂草种子的比例超过规定的 种子质量指标中，净度是检测杂草及异种子含量的重要指标。杂草种子比例直接影响种子播种量和发芽率。过多的杂草种子，不仅增加了用种量，而且杂草的幼苗与作物幼苗混杂，争肥争光，甚至传播病虫害。

（5）带有国家规定检疫对象（有害生物）**的** 预防检疫对象，是农业部门维护正常农业生产的重要工作。若引进了带有检疫对象的种子，就会造成检疫对象的扩散，严重的会给当年和以后的农业生产带来灾害性的后果。

29. 怎样才能买到放心的玉米种子？

（1）买种子一定要到具有营业执照的种子门市部购买 种子作为特殊的商品，其表现好坏关乎农民一年的产量与收入，因此购买的种子应做到可追溯，即购买到假劣种子能找到种子售卖者、种子公司，可以进行索赔。如果购买“打走锤”（游商散贩）、“忽悠团”的种子，或者被“网红”忽悠，网购玉米种子，万一出现问题，就会索赔无门。

（2）购买种子一定要看品种名称 不要购买具有夸张的修饰性词语的品种，如吨粮6号、大粒王、玉满轴、矮大棒等，如彩图13－1、彩图 13－2。品种名称应放在标签显著位置，字号不得小于标签标注的其他文字；标注字体、背景和底色应当与基底形成明显的反差，易于识别，如彩图 13－1 这样标识是错误的。如彩图 13－2，这样标识品种名称是不符合《农业植物品种命名规定》和《农作物种子标签和使用说明管理办法》的，属于违规行为，应受到处罚。

（3）购买种子要扫二维码 根据《农作物商品种子标签二维码编码规则》，每袋玉米杂交种子都有二维码（彩图 13－3），农作物商品种子二维码应包括下列信息：生产经营者、品种名称、产品识别码和产品追溯网址信息。四项内容每项信息单独成行。二维码信息内容不得缺失，填写内容应与标签标注内容一致，不得更改。产品追溯网址由企业提供并保证有效，通过该网址应能追溯到种子产地、加工批次、批发或销售等信息。不得在二维码图像或识读信息中添加宣传信息，不得加入引人误解或误导消费者的内容。

（4）买种子时，要注意种子的标签是否明确，要弄清楚你买的种子是否与你想要的品种一致 不要被种子标签说明中“亩产可达 1 000 千克”“高抗倒伏”“抗旱耐涝”“抗病抗虫无秃尖”等广告用语所忽悠（彩图 13－2）。正规的种子说明都是按品种审定公告印刷的，没有这些夸张的广告性用语。

（5）购买种子时要看种子是否新鲜、干燥 袋装的种子可以摇摇、听听种子是否干燥、坚硬。

（6）保留依据 要保留购买种子的发票，保留种子袋，每个品种最好保留几十粒种子。

（7）购买审定或引种的品种 审定品种已经通过国家或省一级农业行政主管部门组织的试验，试验过程中对品种的产量、抗病性、抗倒性、品质以及适应性进行了 2～3 年的检验，达到了一定的标准，在农业生产中安全性比较高。购买没有通过审定的品种，没有在当地试验过，容易出问题。当然，审定了不一定在哪都能种，还有一个适宜区域的问题。因此购买国审品种时，如不包括你所在的区域，也要慎重。品种大规模引种前，引种单位已经进行了试验，且为同一适宜生态区引种，风险性低。

30. 玉米种子纯度和发芽率低是什么原因造成的?

玉米种子纯度是指真正属于本品种种子的数量占全部种子数量的百分数。所谓的本品种种子，指审定时标明的基因型（遗传物质）类型种子。我国种子法规定，玉米种子纯度应达到96%以上。种子纯度是品种在特征特性方面典型一致的程度，也是指杂交种后代表型的一致性。生产中造成玉米种子纯度低的主要原因有：①生物学混杂。隔离区条件和去杂去劣未达到制种国家要求的标准，其他品种传粉造成生物学混杂。②制种去雄不及时。有的亲本自交系雄穗在苞叶内就开花散粉，未做到及时去雄，导致自交。③种子收获、脱粒、贮存时把关不严，未严格按质量标准剔除杂穗；脱粒机、精选机等清理不彻底，造成机械混杂。

玉米制种的每一个环节都会导致种子发芽率降低。如制种田亲本贪青晚熟，灌浆不饱满，含水量高；种子在乳熟期遭遇未知低温、冷害、霜冻，被迫收割，果穗收获以后在晒场上遭受冻害，均可降低种子发芽率；种子入库后，存放在阴暗、潮湿等封闭的库房内等。合格的玉米种子发芽率必须达到85%以上，精量播种的种子发芽率应达到93%以上。合格的种子含水量在长城以南（不包含高寒地区）销售，不能高于13%；长城以北及高寒地区的种子，允许高于13%，但不能高于16%。销售和贮藏期间种子含水量过高，也会影响种子发芽率。

31. 什么是农作物品种审定?

农作物品种审定即对新育成或引进的品种，根据品种区域试验结果和小面积生产表现，审查评定其推广价值和适应范围。实行品种审定制度，有利于加强对作物新品种的管理和合理推广，分为国家审定和省级审定。

32. 国审、省审、引种有何区别?

品种稳定性最好的就是国审，其次是省审，最后才是引种。

(1) 国审 通过国家级品种审定委员会审定通过的品种（彩图

14-1），可以在全国大范围推广的品种，但并不是全国所有玉米区都可以种植，审定证书上有详细的适宜区域，超出区域是不能销售的，有些品种通过省级审定的可以在当地销售。

（2）省审 通过某个省农作物品种审定委员会审议通过的品种（彩图 14-2），可以在本省种植推广，超出区域不能销售，省级审定证书一般不会标注不适宜的区域。

（3）引种 指在本省行政区域内以经营、推广为目的，从所在省的相邻省份（同一生态区）引进已经通过审定的主要农作物品种的行为（彩图 14-3）。

33. 玉米新品种引种应注意什么问题？

《种子法》规定，属于同一适宜生态区的地域引种农作物品种的，不需要审定，引种者应当将引种的品种和区域报所在省（自治区、直辖市）人民政府农业主管部门备案。因此，引种玉米新品种应注意以下问题：

（1）必须从属于同一适宜生态区的地域引种 例如黄淮海夏玉米类型区，该区包括河南省、山东省、河北省保定市和沧州市的南部及以南地区、陕西省关中灌区、山西省运城市和临汾市及晋城市部分平川地区、江苏和安徽两省淮河以北地区、湖北省襄阳地区。这些地区之间跨省进行引种，不需要品种审定只需在省级农业主管部门备案。

（2）引种者必须先试验 引种者应当在拟引种区域开展不少于1年的适应性、抗病性试验，对品种的真实性、安全性和适应性负责。具有植物新品种权的品种，还应当经过品种权人的同意。

（3）必须备案 引种者应当报所在省（自治区、直辖市）人民政府农业主管部门备案。备案时，引种者应当填写引种备案表，包括作物种类、品种名称、引种者名称、联系方式、审定品种适宜种植区域、拟引种区域等信息。

34. 国家审定玉米品种同一适宜生态区是怎样划分的？

依据我国玉米种植区划和各种植区域的气候类型、生态条件、耕作制度、品种特性及生产实际等因素，国家审定玉米品种（普通玉米、青贮玉米）同一适宜生态区划分如下：

（1）北方极早熟春玉米类型区 包括黑龙江省北部及东南部山区第四积温带，内蒙古、吉林、河北、山西、宁夏、甘肃等高海拔地区。该区种植的玉米为极早熟品种，代表性品种有德美亚1号、德美亚2号、法尔利1010、屯玉188、利禾228等。

（2）北方早熟春玉米类型区 包括黑龙江省中北部及东南部山区第三积温带、内蒙古、吉林省、河北省北部接坝地区，宁夏南部山区海拔1 800～2 000米地区，山西省海拔1 000～1 200米丘陵山区，甘肃省海拔1 800～2 000米地区。该区种植的玉米为早熟品种，代表品种有德美亚3号、龙单59、绥玉20、金博士813、忻黄单78等。

（3）东华北中早熟春玉米类型区 包括黑龙江省第二积温带，吉林省部分地区，内蒙古北部早熟区，河北省张家口市坝下丘陵及河川中早熟区和承德市中南部中早熟地区，山西省中北部海拔900～1 100米的丘陵地区，宁夏南部山区海拔1 800米以下地区。该区种植的玉米为中早熟品种，代表性品种有德美亚3号、和育187、龙单76、忻黄单78、晋单32、利合16、鑫鑫1号等。

（4）东华北中熟春玉米类型区 包括辽宁省东部山区和辽北部分地区，吉林省大部分地区，黑龙江省第一积温带，内蒙古部分地区，河北省张家口市坝下丘陵及河川中熟区和承德市中南部中熟区，山西省北部地区和中部及东南部丘陵区。该区种植的玉米为中熟品种，代表性品种有先玉335、金庆707、兴垦3号、先玉696、大丰30、四单19、诚信16、翔玉系列等。

（5）东华北中晚熟春玉米类型区 包括辽宁省除东部山区和大连市、东港市以外的大部分地区，内蒙古赤峰市和通辽市大部分地区，山西省平川区和南部山区，河北省保定市和沧州市北部以北春播区（含北京、天津）。该区种植的玉米为中晚熟品种，代表性品种有先玉335、世宾338、金庆707、京科968、良玉99、铁研58、天农9号、鸿翔998、丹玉405、大丰30、先玉696、诚信16等。

（6）黄淮海夏玉米类型区 包括河南省、山东省、河北省保定市和沧州市的南部及以南地区、陕西省关中灌区、山西省运城市和临汾市及晋城市部分平川地区、江苏和安徽两省淮河以北地区、湖北省襄阳地区。该区种植的玉米主要以小麦收获后接茬夏播为主，代表性品种有农大372、迪卡653、中科玉505、裕丰303、登海605、郑单958、陕科6号、秋乐368、沃玉3号、先锋系列、隆平系列、德单5号、沧玉76、伟科702、良玉99等。

（7）京津冀早熟夏玉米类型区 包括河北省唐山市、秦皇岛市、廊坊市、沧州市北部、保定市北部夏播区，北京市夏播区，天津市夏播区。代表性品种有纪元系列、MC220、京农科728、沧玉76、MC812、陕科6号、沃玉3号等。

（8）西北春玉米类型区 包括内蒙古巴彦淖尔市大部分地区、鄂尔多斯市大部分地区，陕西省榆林地区、延安地区，宁夏引扬黄灌区，甘肃省海拔1 800米以下地区及武威市、张掖市、酒泉市大部分地区，新疆昌吉州阜康市以西至博乐市以东地区、北疆沿天山地区、伊犁州至西部平原地区。该区种植的玉米品种为中晚熟、晚熟品种，代表性品种有先玉335、大丰30、联创808、京科968、新玉39、诚信16、郑单958、先玉1225、西蒙6号、和育187等。

（9）西南春玉米类型区 包括四川省、重庆市、湖南省、湖北省、陕西省南部海拔800米及以下的丘陵、平坝、低山地区，贵州省海拔1 100米以下地区，云南省中部州市的丘陵、平坝、低山地区，广西桂林市、贺州市。该区种植的玉米为中熟品种，代表性品种有正大999系列、中单808、路单8号、华试919、会单4号、先玉1171系列、川单系列等。

（10）热带亚热带玉米类型区 主要包括广西壮族自治区、海南省、广东省、福建省漳州以南地区、贵州省与广西接壤的低热河谷地带、云南省海拔800米以下地区。该区种植的代表性玉米品种有正大619、迪卡008、桂单0810、桂单162、桂单165、三北907等。

（11）东南春玉米类型区 包括安徽和江苏两省淮河以南地区、

上海市、浙江省、江西省、福建省中北部。该区属于一年两熟和一年三熟生态区，种植的玉米以春播为主，代表性品种有苏玉29、迪卡008等。

35. 单粒播种的玉米是转基因的吗？

何为转基因玉米？转基因玉米是利用现代分子生物技术，把种属关系十分遥远且有用植物的基因导入需要改良的玉米遗传物质中，并使其后代体现出人们所追求的具有稳定遗传性状的玉米。转基因技术是生产转基因玉米的核心技术，是利用DNA重组技术，将外源基因转移到受体生物中，使之产生定向的、稳定遗传的改变，也就是使得新的受体生物获得新的性状。自转基因玉米问世以来，虽然它的某些改良性状可以符合人们的要求，但是它的安全性仍然饱受争议。科学家及各国政府也对转基因玉米持有不同态度。

目前，我国采用单粒播种技术的玉米品种已达到80%，先玉335是中国最早采用单粒播种技术、种植面积较大、影响范围较广的一个品种，它是登海先锋公司和敦煌先锋公司推出的，具有高产、优质、脱水快等优点，一推出就得到了农民认可，在我国部分地区成为主要种植品种。随着先玉335推广面积的增加，它是转基因的谣言便在媒体、网络、民间流传开来（先玉335是普通杂交种，不是转基因，我国农业农村部已给出了官方结论）。有些传谣者由于文化水平较低，没有记住先玉335这个品种的名称，但记住了它单粒播种这一显著特点，因此传来传去就成了单粒播种的玉米全是转基因玉米。

我国转基因玉米2023年之前只允许科研、试验，因此玉米种子没有转基因的，单粒播种的种子也不存在转基因的问题。2023年2月初，农业农村部明确提出“加快生物育种产业化步伐，进一步扩大转基因玉米大豆产业化应用试点范围，依法加强监管”，预示着玉米转基因时代的来临。

36. 稀植大穗（叶片平展型）玉米品种有什么特点？

稀植大穗玉米品种具有根系发达、植株高大、茎秆粗壮、叶片平展（穗位以上叶片与茎叶夹角大于30°，穗位以下叶片开张角度大于60°）、生长期相对较长（冀东地区春播在128天以上）、单株生产潜力大、抗旱性和耐涝性极强等特点（彩图15-1），适宜丘陵山地、沙化土壤、沿海涝洼地、盐碱地种植。在冀东、辽西和太行山区等地种植的品种有强硕68、盛单219、宏硕978、和玉1号等，种植密度在2 800～3 300株/亩，密度过高容易出现空秆、香蕉穗、缺粒等生长异常现象。见视频5。

视频5
稀植大穗
（叶片平展型）
玉米

37. 密植型（株型紧凑型）玉米品种有什么特点？

密植型品种株高相对较低、株型紧凑、叶片上冲（穗位以上叶片与茎秆夹角小于30°，穗位以下叶片开张角度小于60°，实现上部叶片减少遮光，下部叶片减少漏光，光资源利用率高）、生长期短（夏播种植）、抗旱耐涝性相对较差的特点（彩图15-2），主要分布在我国主要玉米种植区，代表性品种有裕丰303、翔玉998、金庆707、登海605、京科968、郑单958、沧玉76、农大372、MC220等，种植密度4 000～5 500株/亩。见视频6。

视频6
密植型
（株型紧凑型）
玉米

38. 玉米种子为什么每年都要购买？

一些农民朋友看到自己购买的玉米杂交种种子长的整齐一致、穗大粒多高产，误认为可以留种再种，结果造成了损失。

生产中使用的玉米种子都是杂交种，即杂交一代（F_1）。玉米杂交种具有杂种优势，杂种优势是指两个关系性状不同的亲本杂交产生的杂交种，其生长势、生活力、繁殖力、适应性以及产量、品质等性状超过其父本和母本双亲的现象。

与杂种优势相反的过程是近交衰退现象。玉米杂交种（F_1）种植之后植株上所结的玉米籽粒是杂种二代（F_2）。由于近交衰退，基因分离，杂种二代（F_2）播种后表现为出苗不齐、苗强弱不均、植株高矮不齐、果穗大小不一，致使生产能力下降，最终导致减产。而且一代杂交优势越大，其后代（第二代）减产越显著。

一般使用杂种二代（F_2）作“种子”比杂交一代（F_1）减产30%以上，因此，玉米种子应该年年购买，而不应当将杂种二代作“种子”继续种植。

39. 玉米穗轴颜色与产量高低有关系吗？

玉米穗轴颜色是玉米重要的遗传特征，每一个品种都有固定颜色的穗轴，如郑单958为白色轴，联创808为红色轴，迪卡516为粉色轴。如果种植的郑单958玉米穗轴为红色，那么基本可以判断为假种子。玉米穗轴比较常见的颜色有白色、红色、粉红色等多种颜色（彩图16-1），不同品种有不同颜色的穗轴（视频7）。有些农民朋友认为，玉米穗轴颜色与产量关系密切，因此常常不问玉米品种特性而指定购买某一特定颜色穗轴的品种。而实际上，穗轴颜色与产量没有任何关系，之所以存在这种认识，是因为有的农民朋友种植了特定颜色穗轴品种的玉米获得了高产，就主观认为该颜色穗轴品种高产。

视频7 不同颜色玉米穗轴

40. 玉米雄穗花药颜色与产量高低有关系吗？

有细心的农民朋友询问，哪种颜色花药的玉米产量高呢？无论花药是青白色（彩图17-1）还是紫色（彩图17-2），都是由玉米的基因决定的（视频8），是每个玉米品种的重要遗传特征，和产量没有太大关系。因为玉米产量是由亩穗数、穗粒数、千粒重决定，而这三个因素受玉米品种特性、种植管理水平、气候因素等综合因素的影响，花药的颜色不能影响玉米这三个产量因素。因此，农民朋友要理性选择玉米品种，不要听信混淆概念、不靠谱的宣传，一定要选择适合本地大规模种植的稳定品种，购买诚信度高的大厂家、大品牌的种子。

视频8 玉米雄穗花药

41. 玉米雌穗籽粒为什么会乱行？同一品种玉米籽粒为什么有圆粒有扁粒，有的穗籽粒深，有的穗籽粒浅？

雌穗是由数百个并列成对分裂的小穗突起组成的，每个小穗分化出两对小花，上位花受粉形成籽粒，下位花退化，因此大部分果穗长成双行籽粒。如果玉米授粉时遭遇外界不利环境条件，如高温干旱、阴雨寡照、病虫害、营养不足等，就会导致授粉不良，出现缺粒现象，而其他籽粒就会向缺粒部位扩展空间，原有的排列被打破，也就形成了缺行或乱行，如彩图 18－1、彩图 18－2。而缺粒周围的籽粒由于发展空间扩大进行横向发育，不需纵向发育，因此就形成了圆粒，如彩图 18－3 至彩图 18－5。有的玉米果穗灌浆后期遇到大风倒伏，或遭遇病虫危害等都会引起籽粒灌浆不饱满，比正常生长的籽粒浅。

防治措施参照“73. 玉米为什么会长“孤老秆子”(空秆玉米)?”。

42. 苞叶上长小叶的玉米确实高产吗？

常有农民朋友说，长小叶的玉米品种棒子大，长得好，其实这只是农民朋友在路边看到的表面现象。玉米苞叶是变态的叶片，苞叶上的小叶是苞叶伸长叶（视频 9)。在光照、水肥充足的条件下，一些玉米苞叶上会长出伸长叶。主要原因是：①品种特性，如联创 808、先玉 335、丹玉 405、万孚 1 号、纪元 128 等品种生长小叶情况比较常见。②种植密度较低，缺苗断垄，沟渠旁、道路两侧光照好的地方的玉米苞叶上容易长出伸长叶（彩图 19－1)。

视频 9
长小叶玉米

玉米苞叶上的伸长叶如果长得过多、过长会引起穗柄拉长、吐丝不畅、遮挡花丝授粉，从而引起授粉不良、秃顶长度增加、不孕粒增多，减产明显（彩图 19－2)。

防止玉米果穗苞叶伸长叶发生，应根据品种栽培特性，确定适宜的种植密度。根据土壤肥沃程度和具体苗情，合理施肥，施足底肥，大喇叭口期重施穗肥。玉米抽雄吐丝期，如果果穗上的苞叶伸长叶过长，影响花丝吐出，应在吐丝前剪去伸长叶，使花丝及时抽出受粉受精，以免造成减产。

43. 同一品种为何春播玉米穗大，夏播玉米穗小？

玉米拔节到抽雄，温度过高、短日照、营养和水分不足均会加速穗分化，使幼穗分化各时期相应缩短，分化的小穗、小花数目减少，果穗也小；反之则分化的小穗小花数目多，果穗大。同一玉米品种，夏播种植时，由于拔节到抽雄期正处于暑期，相对春播种植温度高、日照短，因此穗分化时间短，果穗也就小，即所谓“春寒大穗”（彩图20-1）。

种植密度、气候条件、栽培管理水平、地块肥力水平等因素都可以影响玉米生长发育进程，造成玉米穗秃尖、秕穗、根部缺粒等，形成同一品种同时播种也会出现有的地块穗小，有的地块穗大。彩图20-2是郑单958，因种植密度过大，果穗秃尖穗小。

44. 同一穗玉米的籽粒为什么会出现不同颜色？

为什么玉米籽粒会有这么多种颜色呢？玉米籽粒是玉米的种子，它由种皮、胚乳和胚三部分组成。胚乳靠近种皮的部分为糊粉层，种皮在最外面是透明的，因此玉米籽粒是什么颜色，首先取决于种皮里面胚乳糊粉层的颜色，即糊粉层含有的色素。如果糊粉层里的色素属于花青素，根据花青素的种类和含量，就表现出紫色、红色、蓝色等颜色（视频10）。但有些玉米品种的糊粉层不生产花青素，糊粉层也是透明的，这时候玉米籽粒的颜色就取决于糊粉层里面胚乳的颜色。有些玉米品种的胚乳里含有大量的胡萝卜素，这些品种的玉米籽粒看上去就是黄色的，也有的玉米品种胚乳里胡萝卜素的含量很低，这时看上去就是白色的。生产中播种的玉米，是不含花青素的玉米，玉米籽粒就只有黄色和白色，而一些黑糯玉米或多彩玉米，糊粉层里含有花青素，因此表现出不同颜色。

视频10 同一穗不同颜色玉米籽粒

玉米是雌雄同株异花授粉的植物，主要通过风将雄穗的花粉传播到雌穗的柱头上，完成授粉。如果旁边种的是不同品种的玉米，风把各品种的花粉吹来吹去，不同品种之间的玉米就容易出现杂交。如果不同品种的玉米籽粒的颜色不同，杂交的后果就有可能在同一个玉米穗上出现不同颜色的玉米籽粒，如彩图 21－1 为京科糯 2000 玉米穗。

45. 玉米雌穗穗尖为什么会畸形？

玉米穗出现多穗尖或双胞胎玉米，原因是在玉米雌穗分化时，生长锥受到外界高温、干旱或除草剂等因素影响，生长锥顶部分裂成两个或多个二级生长锥。原生长锥发育成雌穗柄，二级生长锥如果分离不清，或底部相连，则发育成多穗尖或有一个扁平尖雌穗（彩图 22－1 至彩图 22－3）；如两个二级生长锥底部分离则形成双胞胎玉米（彩图 22－4）。

多穗尖或双胞胎玉米，在生产中极为少见，形成的玉米穗行多粒多，一般情况下对玉米产量没有影响，因此不需要采取措施。

46. 有些农民朋友购买玉米种子时，认为种粒顶端黑色层影响玉米发芽率，是真的吗？

不是。玉米籽粒是通过尖冠连接到穗轴上，营养物质由穗轴经尖冠输送给籽粒，玉米籽粒成熟时尖冠基部出现黑色覆盖物，切断了籽粒与穗轴（母体）的营养供给，籽粒干重不再增加，籽粒达到生理成熟（彩图 23－1）。黑色层的出现与玉米籽粒乳线的消失被认为是玉米籽粒达到生理成熟和籽粒干物质积累达到最高时的标志，因此不影响种子发芽率。为什么有些品种籽粒出现黑色层较多，而有些品种没有或很少出现呢？这与品种籽粒黑色层外的尖冠与籽粒结合紧密与否有关，结合紧密的品种不容易出现黑色层，反之则容易出现黑色层。如铁研 56、连玉 19、辽单 632 等品种容易出现黑色层。

47. 为满足玉米籽粒机械化收获的需求，机收籽粒玉米品种应符合什么技术要求？

（1）早熟　缩短生育期，给玉米后期的脱水留足时间。

（2）降低株高　上部叶片要少、短、窄、薄、稀，增加植株通透性，提高种植密度，达到增加单位面积籽粒产量和降低机械能耗的目的。

（3）抗病抗倒　抗倒伏、倒折，抗茎腐病，成熟后田间站秆能力强，减少落穗落粒；抗穗腐病，保证产品质量。

（4）脱水快 穗轴细长，苞叶少薄，长短恰到好处，后期蓬松、叶片落黄，利于后期脱水。

（5）穗轴坚硬、易脱粒

（6）有很强的抗逆性 包括耐高温、耐旱、耐阴雨寡照等，花粉充足活力强。

48. 特用玉米有哪些类型、特点和用途？

特用玉米是根据不同需要培育出的适合特殊用途的优质玉米品种，具有专用性、优质性、高效性等特点，如满足加工业和食品业的特殊需求。

根据玉米籽粒的化学成分，特用玉米包括：甜玉米、糯玉米、优质蛋白玉米、高油玉米、高淀粉玉米、青贮饲料玉米、爆裂玉米、笋玉米、彩色玉米和观赏玉米等。

甜玉米、笋玉米作为蔬菜或罐头加工用；爆裂玉米用于爆花；糯玉米由于适口性好可直接食用，或作饲料，营养价值高易消化吸收；优质蛋白玉米其鲜穗可青食，成熟籽粒可作为加工优质蛋白粉和其他食品的原料以及畜禽的高营养饲料；高油玉米压榨的玉米油色淡透明，气味芳香，亚油酸含量高，具有软化血管作用；高淀粉玉米主要用于医药工业，是制造抗生素的重要原料。

49. 玉米种子包衣有什么优点？应注意什么问题？

（1）玉米种子包衣的优点 ①可以有效预防玉米地下害虫：蛴螬、蝼蛄、金针虫、地老虎、矮化线虫等，保证玉米苗全、苗齐。②可以有效预防由蚜虫、飞虱、蓟马等危害产生的玉米粗缩病、花叶病毒病。③可以有效预防玉米根腐病、全蚀病、茎基腐病、丝黑穗病、疯顶病等，降低青枯病、瘤黑粉病等发生率。④刺激玉米生长，根系发达，须根增多，茎秆粗壮，可以提高玉米的抗旱性；秃尖现象少，穗子大，提高产量。⑤出苗齐，苗壮，为玉米的高产奠定基础。

（2）使用玉米包衣种子注意事项 ①不要浸种催芽。因为种衣剂溶于水后，不但会使种衣剂失效，而且溶水后的种衣剂还会对种子的萌发产生抑制作用。②包衣种子不适宜盐碱地播种。种衣剂一般为酸性，遇碱即会失效，因此在 pH＞8 的地块不宜播种包衣种子。③不适宜在地势低洼易涝的地块播种包衣种子，容易让包衣种子处于低氧环境，造成种子酸败腐烂，引起缺苗。

50. 为什么提倡玉米种子进行二次包衣？

(1) 种衣剂成分不合理，需要二次包衣 有些种子公司为降低成本，往往选择防效单一、廉价的种衣剂，不能病虫双防，部分玉米种子包衣仅仅具有防虫效果，对土传病害无防效。甚至有的种子公司为迎合农民图便宜心理，只在种子上涂一层颜色，不含任何药剂，这样的种子必须进行二次包衣，如彩图 24－1。

一些厂家销往春播玉米区的包衣种子，使用的种衣剂仅含有杀菌剂（可预防丝黑穗病、疯顶病等系统性侵染病害），没有杀虫剂（因为春播区播种时气温低，地下害虫危害轻）；而销往夏播玉米区的包衣种子，种衣剂成分中一般只有杀虫剂，没有杀菌剂（因为夏播区系统性侵染病害发病极少）。但近年来，春播玉米蓟马、灰飞虱、地老虎、矮化线虫病，夏播玉米根腐病、茎基腐病等危害逐年加重。因此，农民朋友购买玉米种子时，一定注意种衣剂成分，无杀菌剂的种子需要二次包衣杀菌剂，无杀虫剂的需要二次包衣杀虫剂。

(2) 种衣剂存在防效衰减、脱落现象 玉米种子从种子公司包衣、分装出厂到第二年农户播种，大概要经过 6 个月的时间，由于一般种衣剂成膜效果差、持效期短，本身达不到防虫治病效果。而且在这期间拌种的药剂会经过自然挥发、加工、运输、销售等环节的自然摩擦，极易造成种衣剂脱落。玉米播种后，很难达到苗齐、苗壮、防虫、抗病的效果。因此，也需要二次包衣。

(3) 包衣种子病虫害针对性不强 种子公司进行种子包衣时，往往只用一种农药成分的种衣剂，一般不会考虑各地区病虫害发生的差异而调整种衣剂的成分，因此针对性不强。

玉米种子二次包衣注意事项：①仔细阅读种子包装袋上关于种衣剂成分说明，再确定是否进行二次包衣。一般情况下，正规大厂家（彩图 24－2、彩图 24－3）的包衣种子种衣剂有效成分全，包衣脱落少，药效稳定，不需要二次包衣。②玉米种子二次包衣如选用农药不当会造成药害，影响出苗或幼苗正常生长。注意已使用过杀菌型种衣剂包衣的种子，尽量避免再次用杀菌型种衣剂二次包衣。③玉米种子二次包衣是不得已而为之，不仅提高了农药使用量，加大了对土壤的污染，而且增加了劳动环节和生产成本，不符合农业生产发展方向。希望种子公司根据种子销售地主要病虫害防治对象，有针对性地做好种子包衣工作，避免进行二次包衣。农业主管部门要加强对包衣种子用药情况监管，充分发挥包衣种子省工、省力、高效防虫防病、苗壮的优点，为玉米丰收奠定基础。

51. 如何选择种衣剂？

选择玉米种衣剂首先要确定防治的害虫和病害的种类，病虫害不同，使用种衣剂的成分也不同。如防治蚜虫、蓟马、瑞典蝇等害虫可以使用吡虫啉、噻虫嗪种衣剂，防治矮化线虫可以使用丙硫克百威拌种，防治根腐病、玉米疯顶病可以用精甲霜灵·咯菌腈·嘧菌酯拌种，而防治丝黑穗病需要用戊唑醇、咯菌腈拌种，防治麦根蝽可用吡虫啉+氟虫腈拌种，防治地老虎、二点委夜蛾可用噻虫嗪+溴氰虫酰胺拌种，防治二点委夜蛾、草地贪夜蛾可用氯虫苯甲酰胺拌种。也可以选择专用种衣剂进行种子包衣，这些种衣剂同时具有杀虫和杀菌作用，而且成膜效果好，持效期长，如27%苯醚·咯·噻虫嗪种衣剂、52%吡虫·咯·苯种衣剂等。

其次，不同成分的玉米种衣剂，即使是同一配方，不同厂家的种衣剂安全性也有差异，农户应选用已登记且信誉好的厂家产品。

再次，干籽拌种衣剂直播较安全，液体拌种种衣剂安全性不一。包衣时应将药剂摇匀，按说明使用。包衣后种子应达到膜衣均匀一致，不应有明显网点。

第四，玉米种衣剂不能加水稀释，不能用于其他作物，不能添加药肥，否则易影响效果和产生药害。土壤潮湿时，应待水分渗后再播包衣种子。若能覆一层干土效果更好。最后，在玉米苗期害虫发生较重的地区，应采用辛硫磷或毒死蜱颗粒剂随种肥下地。

52. 播种前晒种有什么好处？怎样晒种？

(1) 晒种的好处 ①可以杀死病菌。利用太阳光中的紫外线，杀死黏附于种子表面上的病菌，可预防或减轻由种子带来的根腐病、丝黑穗病等病害。②可以降低种子的含水量。通过晒种可以降低种子的含水量，使其吸水能力增强，播种后能很快吸收土壤中的水分，发芽快，出苗齐。③可以提高发芽率。通过晒种促进了种子体内酶的活动，提高种子的发芽势和发芽率，利于苗齐苗壮。

（2）晒种的具体方法 在晒种前，首先要剔除掉秕瘦籽粒和杂质，选出饱满、色泽鲜亮的籽粒留种，这样确保种子质量优良。晒种一般是在播种前10～15天进行，建议选择上午9点至下午4点的晴天进行，将种子摊在下面铺有木板等隔热物的苇席上或其他容器上，不要在水泥地、沥青地、石板、铁板等上面晾晒，以免烫伤种子。厚度以3～7厘米为宜，白天要经常翻动，确保种子受热均匀，夜间要收起，让其有足够的积热，打破种子休眠，一般晒种2～3天即可。包衣种子不建议晒种，尤其是播种前包衣的种子。因为种衣剂主要成分是杀虫剂、杀菌剂，目的是为了防治各种土传病虫害的侵害，如果包衣种子在太阳下暴晒，会让种衣剂的药效降低，防虫防病的功能下降，失去了包衣的意义。

53. 不同玉米品种混种或混植应注意什么问题？

混植是指用两个或多个品种隔行种植，而混播是指用两个或多个品种的种子充分混合后播种。如果不同玉米品种混种或混植方法得当，可以增产；反之则会减产。

（1）玉米混植或混播的优点 ①可以在一定程度上控制病虫害流行。②可以改善群体结构，增强玉米群体对不良环境的适应性和对田间水、肥、气、热的有效利用。③不同品种间的杂交授粉可以产生当代杂交优势。

（2）混播或混植注意事项 ①要选择适合当地种植、抗逆性强的玉米杂交品种，以亲缘关系较远的品种为宜，如红色轴和白色轴品种混植。②选择的玉米品种生育时期要接近，株高相近，有利于田间管理和增加田间杂交概率。③选择的玉米品种籽粒颜色与大小要一致，以免影响粮食的商品性。

四、田间管理

54. 玉米为什么出苗不好？

（1）种子自身发芽率不足 播种前要做出苗试验，出苗率达到85％（精量播种达到93％以上）方可使用。有的种子因存放时间过长，发芽率虽能达到85％，但有芽无势，不能正常出苗，形成“地里苗”。

（2）播种质量或整地质量差 播种过深，会因种子吸水过多导致窒息死亡；而播种过浅，若遇干旱年份会因种子不能正常吸水而影响发芽。有些农户为避免播种时杂草过多而选择在春天耕地，或秋天耕过的地因杂草多，在播种前又旋耕一次。以上做法虽使杂草危害减轻，但土壤缝隙大，不踏实，易跑墒漏墒影响种子发芽，见彩图25－1。

（3）肥料烧苗 肥料施用过多，导致土壤溶液浓度过高造成烧苗，如果肥料中含有氯离子、缩二脲、三氯乙醛等有害物质更容易造成出苗不好，见彩图25－2、彩图25－3。

（4）病虫害危害 如蛴螬、蝼蛄、地老虎等害虫危害。

（5）不良天气因素影响 地温低会降低种子的发芽率和发芽势，雨水过多会阻碍种子正常呼吸，并容易使种子遭受霉菌侵袭，引起烂种。

（6）播种机具或播种机手操作问题 播种机手粗心大意，对播种机操作使用技术不熟练，造成漏播、播种过深或过浅、下种不均现象，见彩图25－4。彩图25－5至彩图25－7所示玉米品种为先玉335，单粒点播。播种机手担心播种过浅出苗率降低，较其他品种增加了播深，在该品种将要出苗而其他品种已出苗情况下，突降暴雨使垄台泥土淤积垄沟，增加了玉米幼芽覆土厚度，暴雨过后又暴晴，导致田间泥土形成僵硬土块，种子不能顶土形成畸形芽。

55. 玉米出苗后（1～2叶幼苗）为什么会有叶片卷曲、拧抱等畸形苗？

（1）玉米黄呆蓟马危害 具体防治方法见蓟马防治。

（2）除草剂危害 主要发生在幼苗刚出土到2叶前，玉米心叶不能正常抽出，幼叶皱缩扭曲，不能完全展开，形成D形苗，植株矮化，叶片畸形，出苗率低（彩图26－1至彩图26－3）。一般发生在使用乙草胺·莠去津、异丙草胺·莠去津、甲草胺·乙草胺·莠去津、乙草胺·莠去津·滴丁酯等封闭性除草剂地块。该类药剂为选择性芽前除草剂，一般对玉米安全，使用不当则会抑制玉米的根和幼芽的生长。当施药时遇到低温高湿条件、田间有积水，或施药后遇强降雨，盲目增加药量，同一药剂多年使用时，易发生药害。

（3）害虫危害 害虫危害引起顶尖破损或断裂的幼苗，如彩图26－4。

（4）农事操作不当 覆土过深，泥沙淤积也易引起畸形苗，见彩图26－5。

防治建议：①轻度可自然恢复。畸形苗较少时可通过间苗拔除或掐除卷曲部分叶片。田间大量植株受害时，建议重播。②及时排水，提高土壤透气性，减轻药害。③玉米幼苗2叶后，及时喷0.1%芸薹素内酯粉剂2克＋10%吡虫啉可湿性粉剂10克兑水15千克，或99%磷酸二氢钾50克＋尿素100～150克＋10%吡虫啉可湿性粉剂10克兑水15千克进行叶面喷雾，以缓解药害并预防蓟马危害。④害虫危害引起刚出土幼苗顶尖破损或断裂的，要及时防治害虫。⑤泥沙淤积畸形苗长势衰弱，面积小可清土扒苗，面积大要及时毁种。

56. 玉米补种和移栽应注意什么问题？

玉米缺苗断垄在25%以下时，可不考虑翻种，应及时补种和适时移栽，以确保亩穗数充足；缺苗在5%以下时，不建议补种或移栽。补种或移栽应注意以下几点：

（1）品种选择 补种的品种生育期要比原种植品种短10～20天为宜。根据补种时天气状况来选择不同生育期的品种，补种时温度高，可选择生育期与原种植品种相差10～15天的品种；补种时温度低，可选择生育期与原种植品种相差15～20天的品种。这样可以逐渐做到苗齐苗壮，能够一起成熟一起收获。

（2）浸种 为使补种玉米尽快出苗，应在补种前将种子浸泡24小时，可加快种子出芽，逐渐与已种植品种生长一致。

（3）补种 玉米出现缺苗断垄问题后，要及时进行补种。玉米补种越早越好，以2～4叶期进行补种为宜，如补种太晚，与已种植品种玉米植株株高相差太大，就失去了补种的意义。

（4）墒情 补种时土壤墒情要好，若墒情不好可浇水补种，然后覆土3厘米，用脚踏实，确保玉米出苗率。

（5）补种株距 如果植株间缺苗1株，不必补种。连续缺苗2株，在中间补种1株；缺3株补种2株，……以此类推。注意：补种的穴掩和已出土玉米苗的距离是正常株距的1.5倍以上，防止大苗欺小苗，与小苗争水、争肥、争光；补种玉米之间的株距按品种要求的正常株距即可。

（6）尽量选择下雨前、雨天、阴天或傍晚移栽 若下雨前后移栽，水分充足，无需浇水；若无有效降雨时移栽，应及时浇水（彩图27-1）。提倡玉米苗根部带土移栽，同时剪掉叶片的三分之二，减少叶片蒸腾作用，尽快缓苗。

57. 玉米如何进行间定苗？

没有使用精量播种（单粒播种）技术的地区或农户，在一播全苗的基础上，根据当地生态条件、土壤肥力、施肥、管理水平及品种特征特性进行间苗定苗。间定苗应选在晴天下午进行，原因是病害、虫害及生长不良的苗，经中午日晒，到下午易发生萎蔫，便于识别淘汰。

玉米间苗一般在3～4叶期进行，此时玉米籽粒的营养物质已基本消耗完，如果幼苗过分拥挤，就会争肥、争水、争光。

当玉米苗龄达到5叶期时，是定苗的最佳时期，最晚不能超过6叶期。定苗应注意留苗要均匀，植株大小一致，去弱苗留强苗，去小苗留匀苗，去病苗留健壮苗，去圆茎苗留扁茎苗。定苗时若遇缺苗，可在同行或相邻行就近留株，确保每亩留够适宜的基本苗。考虑到病虫害的危害、田间机械作业等因素，定苗时建议比计划留苗密度多10%。

58. 中耕培土什么时候进行？应注意什么？

培土是将行间的土壤培在玉米植株根部并形成土垄的田间管理措施。培土可增加表土受光面积，提高地温，利于形成气生根，还可除草肥田，有利于浇水和排水，但也会造成土壤水分蒸发量大，容易遭受干旱，且覆土过厚，会造成根际土壤温度降低、通气不良等。

我国幅员辽阔，有些地区中耕培土能增加玉米产量，有些地区增产效果不明显，甚至造成减产。近年来，一些种粮大户、家庭农场、合作社等规模化经营主体越来越多，土地越来越集中，在玉米生长中后期使用大型机械中耕培土困难极大。因此一定要根据本地区实际情况，正确选择是否中耕培土，确定适宜的培土时期、培土厚度和培土地块。

（1）培土时期最好在小喇叭口期至大喇叭口期进行 培土过早，会造成根部土壤温度降低、通气不良，抑制玉米节根的产生与生长，不利于形成健壮的根系。

（2）培土方法 培土方法一般有人工培土、畜力培土和机械培土三种。当地块较小，不利于机械作业时，可用两边翻土的培土犁，由牲畜牵引进行，或用锄头、铁锨等工具人工培土。地块较大时可用拖拉机牵引多个耘锄培土，作业速度不宜太快，以免压苗、伤苗。

（3）培土厚度 培土厚度以5～8厘米为宜。培土过浅，气生根不易入土生根，培土过厚，容易引起根系发育不良，植株早衰。

（4）播前深耕的玉米田可进行培土 深耕的地块，土壤悬空不实，玉米抽雄前后，头重脚轻，遇到风雨，容易倒伏。在大喇叭口期之前培土，可使根际土壤沉实加厚，以备气生根入土。

（5）土层深厚的沙壤土可进行培土 这类土壤沙性大，玉米根与土壤结合不紧密，遇到风雨时，容易倒伏。可培土两次，分别在小喇叭口期和大喇叭口期。

(6) 排水不良的涝洼地可进行培土 可使玉米根部土壤加宽变高，形成矮垄，有利于排水防涝和干旱时浇灌，同时表土面积增加，利于水分蒸发，提高地温。

59. 玉米为什么卷心？如何防治？

引起玉米卷心的原因有好多种，比如蓟马引起的卷心（彩图 28－1），具体防治方法见“120. 如何防治蓟马?”；水涝引起的卷心（彩图 28－2），具体防治方法见“162. 水涝危害玉米的主要症状有哪些？如何预防?”；2 钾 4 氯钠盐药害引起的卷心（彩图 28－3），具体防治方法见“151. 玉米田发生 2,4－滴异辛酯类药害的主要症状有哪些？如何防治?”；氯氟吡氧乙酸异辛酯药害引起的卷心（彩图 28－4），具体防治方法见“152. 玉米田发生氯氟吡氧乙酸异辛酯药害的主要症状有哪些？如何防治?”；杀虫剂药害引起的卷心（彩图 28－5），具体防治方法见“136. 高浓度杀虫剂点玉米芯防治玉米螟的药害症状有哪些？如何防治?”；顶腐病引起的卷心（彩图 28－6），具体防治方法见“105. 如何防治玉米细菌性顶腐病?”；丝黑穗病引起的卷心，具体防治方法见“116. 如何防治玉米丝黑穗病?”。此外玉米瑞典蝇、弯刺黑蝽、干旱危害等也会引起玉米卷心。

60. 玉米为什么会分蘖？如何防治？

玉米每个节位的叶腋处都有一个腋芽，除去植株顶部 5～8 节的腋芽不发育以外，其余腋芽均可发育；上部的腋芽可发育为果穗，而靠近地表基部的腋芽则形成分蘖（视频 11）。由于玉米植株的顶端优势现象比较强，一般情况下，基部腋芽形成分蘖的过程受到抑制，生产上玉米植株产生分蘖的情况不是很普遍。玉米植株产生分蘖的时间大多发生在出苗至拔节阶段，形成分蘖的原因主要是外界环境条件的影响削弱了玉米植株的顶端生长优势作用所致，从而导致营养的

视频 11
玉米分蘖

二次分配。

分蘖的原因主要有：①品种特性。品种之间存在着差异，有的品种分蘖多，有的品种分蘖少；玉米顶端优势强的品种产生的分蘖少些，顶端优势弱的品种产生的分蘖多些；密植品种分蘖少些，稀植品种分蘖多些。如先玉335、华春1号、甜糯玉米分蘖较多（彩图29-1）。②密度太小。稀植时，或在缺苗断垄及边行地头等处，几乎所有的玉米杂交种植株都能适时地利用土壤中有效养分和水分形成一个或者多个分蘖。同样的品种，种植密度小时，分蘖多一些，反之，少一些。③播种时间早晚。同一品种播种早的，气温低，顶端生长优势受到抑制，分蘖多一些（彩图29-2）；播种晚的，水肥条件适宜，分蘖就少一些，春播多夏播少。④土壤肥水管理。土壤肥沃，水肥供应充足，植株制造光合产物多，除满足主茎生长需要还有剩余，促进了侧芽发育形成分蘖，因此分蘖就多。相反，肥水不足，分蘖很少或没有。⑤玉米植株的顶端生长优势受到各种原因不同程度地抑制，植株矮化而产生分蘖。如苗期遭遇干旱，苗期植株感染粗缩病或被蓟马、玉米螟等危害、苗后除草剂产生药害、化控药剂使用浓度过高等都可能产生玉米分蘖（彩图29-3）。

预防措施：根据不同的品种，选择适宜的播种密度和播种时间，积极采取测土配方施肥和看苗追肥，加强病虫害防治，注意科学使用苗后除草剂和玉米化控剂，避免产生药害。在品种建议种植密度内，玉米发生分蘖后，一般不用掰除，不会影响产量，但过于稀植分蘖过大时应掰除，注意不要伤害叶片。

61. 玉米矮化控旺农药主要有哪些种类？什么时期化控效果好？

玉米矮化控旺农药主要有矮壮素、多效唑、烯效唑、甲哌啶、乙烯利等单剂，以及由这些单剂进行复配的复配制剂，如苄氨基嘌呤·乙烯利、胺鲜酯·甲哌鎓、胺鲜脂·乙烯利等。喷施化控剂，应选择正规合格的复配制剂。有些不合格的化控剂，登记的是肥料证号，执行的是肥料标准，其效果可想而知。

喷施玉米专用化控剂，可以控制玉米基部节间生长，降低株高，促秸秆粗壮。不同厂家的化控剂产品配方不一样，有的产品要求玉米6～10片叶喷施，有的要求7～11片叶喷施，有的要求8～12片叶喷施，弄得大家晕头转向。但这些产品一般都可以在玉米植株0.5～1米（正常人膝盖到胯高，如彩图30-1、彩图30-2）时喷施，此时喷施可以有效缩短茎基部节间长度，增加基部茎粗和机械组织强度，能有效增强玉米抗倒性。玉米6叶前喷施化控剂，可造成植株矮小，果穗发育受到抑制，引发畸形。

玉米喷施化控剂过晚，更容易造成倒伏，原因是，若玉米过高喷洒化控剂，虽能降低植株高度，但由于茎基部节间已伸长，不能调控基部节间长度，主要降低了玉米上部节间长度，导致玉米上部节间缩短，叶片浓密，重心上移，更容易倒伏，因此玉米植株过高时不建议施用。

62. 玉米喷施化控农药应注意哪些问题？

（1）化控农药多用在长势好、土壤肥沃、降水较多的地块，对于土壤干旱贫瘠、玉米植株长势差的地块尽量不要使用。

（2）使用化控农药时，一定要注意浓度，宁可低量少用，也不要过量使用。

（3）喷施化控农药时，要遵循“喷高不喷低”的原则，只喷玉米植株上部的叶片即可，一扫而过，要做到不漏喷、不重喷。

（4）喷药时，要选择在晴天的早晨或者黄昏低温时间段进行喷施，如果喷施之后6小时内遇到降雨，可根据降雨程度在天气好转后按照药量减半重新喷施一次。

63. 喷洒化控农药过多或上茬甘薯地残留化控农药过多，玉米植株会出现什么症状？如何预防？

玉米化控剂喷洒过早或超量，玉米会表现出生长缓慢、叶色浓绿、秸秆明显变粗、节间缩短、叶片堆叠在一起、雄穗分枝肉质化、花粉少、雌穗穗位低、秃尖等，影响玉米产量。玉米喷洒化控剂要按说明使用，不能随意加大剂量或重喷，干旱严重、玉米长势弱，要暂缓使用；喷洒玉米化控剂超量地块，应及时喷洒清水清洗，再喷洒一些促进生长的激素类物质，可以减轻药害影响。同时要加强肥水管理，适当增施氮肥促生长。有条件的适当浇水促生长，药害严重的要及时毁种其他作物（彩图 31-1 至彩图 31-3）。

近年来，一些地区甘薯种植面积较大，薯农为控制甘薯茎蔓生长，多次喷施多效唑、烯效唑等化控剂，导致土壤残留严重，尤其是地势低洼积水地块，由于积聚的药量多，形成残留药害，导致玉米矮缩不长（彩图 31-4、彩图 31-5）。建议甘薯种植户一定要按使用说明用药，以免下茬作物受害，得不偿失。

64. 玉米茎秆较高节位生长气生根正常吗？

植株从地上茎节长出的根叫气生根，具有支撑和吸收营养的作用。玉米气生根一般发生 3～6 轮。下部节间在温度、湿度适宜，营养条件充足的情况下，都可以发生气生根。因此玉米茎秆较高节位生长气生根正常（彩图 32-1），不影响玉米正常生长。

65. 玉米去雄的优点是什么？有什么操作技巧？

玉米去雄就是在玉米生长到一定时期，去掉顶部雄穗。其优点：①改变植株吸收和制造养分的输送方向，可使籽粒饱满，粒重增加，单产增加 10%左右。②在玉米抽雄散粉前拔除雄穗，让雄穗所消耗的养分、水分转供雌穗的生长发育，可使果穗增长、穗粒数和粒重增加、秃尖减轻。③玉米雄穗容易着生蚜虫、玉米螟、瘤黑粉病等病虫害，拔除雄穗可减轻病虫危害。

去雄的时间以抽雄未散粉前进行为宜，过早容易损伤顶部一二片叶，过晚已散粉会降低去雄作用。去雄宜选在晴天上午 10 点至下午 3 点进行，以利于伤口愈合，避免病菌感染。连阴雨天气不宜去雄。

具体操作技巧：一是隔行去雄。对已抽出的雄穗，可隔行或隔株去雄，去弱株雄穗留强壮株雄穗，去雄不宜超过总株数的三分之一。边行、山地、坡地或迎风面的两行不宜去雄。去雄时不能带叶，否则会影响授粉和光合作用，降低产量。二是全田一次去雄。当全田雌穗花丝（雌蕊）由青黄色转为深红色时，进行彻底去雄，一般需进行

2～3 次。这种方法费工费时，人少地多的农户不宜应用。

66. 玉米生产中怎样进行人工辅助授粉？

人工辅助授粉是人为地帮助玉米授粉的一种辅助手段，通过人工辅助授粉，可减轻因气候等原因造成的玉米果穗缺粒、空瘪穗等结实不良现象，降低产量损失。一般在晴朗天气上午 8～11 点进行，此时花粉活力强，田间没有露水。高于 35 ℃、有风雨时不宜进行。

人工辅助授粉一般选择两人协作方式进行，先找一根 5 米左右长的绳子，两根 2 米左右的木棍，将绳子绑在木棍顶端，每人拿根木棍相隔 5～6 行玉米，手举木棍使绳子在玉米植株雄穗部位进行轻微晃动，让花粉落到花丝上，即完成了人工授粉。连续进行 2～3 次，效果明显。

67. 玉米站秆扒皮晾晒可以促进早熟吗？

玉米定浆后（即蜡熟期或乳熟末期），把玉米果穗的苞叶全都剥开，但不要把苞叶去掉。此时，玉米果穗上的籽粒，一面继续生长，一面直接暴露在阳光之下，接受更多的日光和热量，促使茎内的养分加速向籽粒输送，促进籽粒饱满，加快成熟。

68. 削顶打底叶会造成减产吗？

有些地方的农户，在玉米蜡熟期削掉果穗以上秸秆和叶片，认为有利于田间通风、透光，促进成熟，增产增收。其实，这是一种严重的减产措施，因为玉米为腰部结穗，形成产量的功能叶位于果穗上下的“棒三叶”，如果削去果穗上部叶片，则玉米后期的光合作用减弱，供给籽粒营养物质减少，影响籽粒灌浆，造成减产，因此要坚决杜绝成熟收获前削顶的做法。

不提倡打底叶。首先，打底叶虽然有利于植株下部通风透光，但现在种植的玉米大部分青秆成熟，下部叶片并没有完全丧失功能。其次，打底叶若伤及穗位下 1～2 个叶片，会影响产量。再次，打底叶会造成伤口，伤口愈合需要能量，也会影响产量。

69. 玉米红叶的原因是什么，如何防治？

玉米产生红叶后，可引起玉米产量降低，那么产生玉米红叶（视频12）的原因有哪些呢？

（1）玉米品种特性 后期灌浆快的品种，在灌浆期若遇低温、阴雨，叶片就会发红。其发生与品种灌浆快有关，当大量合成的糖分因代谢失调不能迅速转化，则变成花青素，绿叶变红，如沈单16、纪元101等品种（彩图33－1）。

视频12
玉米红叶病

防治方法：①严重发生地区，不要在黏湿田地种植。②播种不要过早，适当推迟，增施磷钾肥。

（2）大麦黄矮病毒危害 大麦黄矮病毒主要危害麦类作物，也侵染玉米、谷子、糜子、高粱及多种禾本科杂草（彩图33－2、彩图33－3）。该病毒由蚜虫以循回型持久性方式传播。麦田发病重，传毒蚜虫密度高，玉米发病加重，玉米品种间发病有差异。

防治措施：①在高感病区域（冬麦区）避免种植感病品种。②做好麦田麦蚜、黄矮病防治，减少传毒介体。③拌种。可用70%吡虫啉种衣剂10克或70%噻虫嗪种衣剂7～10克兑水100克拌2.5千克玉米种子，能有效防治传毒昆虫，减轻红叶病的传播。④及时杀灭田间地头杂草，减少中间寄主。

（3）玉米螟虫危害 包括玉米螟、高粱条螟、桃蛀螟等。据专家测定，叶片中可溶性糖含量在籽粒形成期较高，叶鞘中可溶性糖含量在抽雄和籽粒形成期较高，而此时正是玉米螟等害虫高发期，这些害虫蛀食玉米茎秆，造成玉米维管束断裂，影响茎叶内养分运输而滞留茎叶内，从而引起红叶（彩图33－4）。防治方法见“128. 如何防治玉米螟？”。

（4）玉米缺磷 主要表现为植株生长缓慢，茎秆细弱，茎基部、叶鞘、叶片甚至全株呈现紫红色，严重时叶尖枯死呈褐色（彩图33－5）。防治方法见“90. 玉米磷元素缺乏症的表现及预防措施是什么？”。

（5）玉米植株空秆 包括：茎秆上不结果穗（孤老秆子）；结有

果穗但发育不好，没结籽粒；人为将果穗去掉。这样的玉米植株对光合产物的需求量大大减少，因而茎秆和叶片中含糖量显著提高，积累后产生紫红叶。防治方法见“73. 玉米为什么会长‘孤老秆子’（空秆玉米）”。

70. 玉米为什么会长“香蕉穗”？

玉米同一个果穗柄上长出2～5个小型果穗，穗茎相连，形似香蕉，农民俗称香蕉穗或娃娃穗（彩图34-1）。

玉米雌穗及果穗柄在植物学上属于变态的侧茎，果穗柄是短缩的茎秆（彩图34-2），各节生一个仅有叶鞘的变态叶（苞叶），在苞叶的叶腋中潜伏着一定数量的腋芽。正常情况下，顶芽发育成果穗，其他腋芽不发育。在主果穗生长受抑制或有穗无粒，而叶片生长正常，光合作用积累较多养分的情况下，就形成营养的二次分配，刺激潜伏芽的萌动，发育成次生果穗，从而形成香蕉穗，其主要原因有：

（1）异常的气候条件 异常气候条件造成主果穗生长受到抑制或发育不良，刺激潜伏芽发育形成香蕉穗。① 雌穗分化形成期遇到严重干旱和低温造成主果穗发育不良。② 极端气候造成花期不遇，主穗未能授粉，造成空穗。③ 抽雄扬花期遇高温干旱或连阴雨，造成花丝干枯，或花粉失去生命力，雌穗未能受粉受精，从而导致主果穗异常。

（2）病虫危害 玉米穗分化期遇到玉米螟、蚜虫及穗腐病、圆斑病（视频13）等危害，也会影响主果穗的正常发育，从而刺激潜伏芽发育形成香蕉穗。如彩图34-3为因穗腐病导致主果穗腐烂，彩图34-4为钻心虫危害诱发香蕉穗。

视频13
玉米圆斑病

（3）栽培措施失当 ①播种期过早，穗分化期遇到低温，主果穗发育不良形成“香蕉穗”。如唐山市丰润区韩城镇等地3月底种植的地膜糯玉米、玉田县部分农户在4月初种植的地膜玉米等，每年都有不同程度的香蕉穗发生。②一些稀植或中密度品种，由于密度过大，导致田间郁闭、叶片相互遮挡而授粉不良，使主果穗不能正常发育。如彩图34-1为玉米田密度5 100株玉米田，超出种植要求 600 株左右，从而成为“香蕉穗”。

防治措施：①选用密植型品种，逐步淘汰高秆大穗型品种；适时播种，播期适当延后；合理密植；加强田间管理，及时防治病虫害。②在出现“香蕉穗”时，及时掰掉不正常小果穗，保留一个正常生长果穗，视情况剪掉较长花丝，并进行人工授粉。

71. 玉米为什么会“超生”?

“超生”是指一株玉米上生长多个雌穗（彩图 35－1），且雌穗上籽粒很少或没有（视频 14）。这种现象一般发生在播种较早的甜糯玉米或高秆大穗玉米品种上，如东单 60、东单 80 等品种。

视频 14
玉米“超生”

玉米的茎秆，除上部 4～6 节以外，每个茎节上都有腋芽，茎秆下部不伸长节上的腋芽可形成分蘖；伸长节上的腋芽在适宜条件下可进行雌穗分化。在正常情况下，玉米只有上部第六、第七、第八节的腋芽能发育成果穗，并且一株只结 1 个或 2 个果穗，先发育的幼果穗有穗位优势，能抑制其他腋芽的穗分化和发育。如春玉米第 6～8 节的腋芽在穗生长发育过程中，其中条件最好的一个雌穗会优先发育，并在生长发育过程中产生生长素，促进体内的养分向该雌穗运送，从而抑制其他幼穗分化和发育。

如果先发育生长的幼穗在不利环境条件下发育受阻，不能形成足量生长素抑制其他腋芽进行穗分化和发育，其穗位优势就会丧失，而植株叶片生长正常，光合作用能制造充足的营养物质，这时，营养就会进行二次分配，玉米秆上就可能结出第二、第三、第四……果穗。此时出现的幼穗（“超生”的果穗），由于玉米正常散粉期已过，一般不能受精结实，白白消耗了大量养分，造成玉米减产。

引起玉米一株多穗的原因很多，主要是：

（1）品种原因 ①品种遗传因素。同一品种不同腋芽发育进程不一样，一些品种在适宜条件下多个腋芽同步分化发育容易形成多穗，有的品种则第一腋芽分化发育优势明显，从而抑制下一茎节果穗发育进程，不会形成多穗。②品种的生育期。生产中经常发生，在同一地块、同时播种、同样田间管理的情况下，有的品种生长正常，有的品种出现多穗的现象。原因是这些品种的关键生育时期（如抽穗期、散粉期）正好遇上了恶劣的天气，影响了雌穗的生长，而其他品种则避过了不利天气。如 2015 年唐山北部地区致泰 1 号、强硕 68、和玉 1 号、华春 1 号等生育期长的品种与玉单 2 号、飞天 358、伟科 702 等生育期短的品种同时播种，由于干旱，生育期短的品种“超生”严重，而生育期长的品种则较轻。

(2) 不利的气候条件 ①开花散粉期遇到干旱或连续阴雨寡照天气，会引起雄穗发育不良或花粉吸水膨胀破裂死亡无法授粉，从而影响了第一雌穗生长。②玉米抽穗前后半个月的需水关键期，遇到干旱天气，会引起雌穗、雄穗抽出的时间间隔延长，导致花期不遇，影响第一雌穗结实。③雌穗吐丝时高温干旱时间过长，花丝失水干枯影响受粉，从而影响第一雌穗生长。

(3) 肥水条件充足 玉米拔节后的雌穗发育阶段，肥水充足，植株体内过多的营养物质无法消耗，刺激腋芽发育，形成多个果穗。如彩图 35－2，单株玉米不仅光照条件好，且紧邻白菜地，水肥条件充足从而形成了一株多穗。

(4) 种植密度过高 植株过密，叶片相互重叠遮荫，花粉不易落到雌穗花丝上，无法正常受精结实，在适宜的环境条件下，促使下一个或多个雌穗发育，形成多穗。如彩图 35－3 为高秆大穗型品种盛单 216，因密度过高影响授粉而形成多穗。

(5) 病虫危害 玉米螟、圆斑病等会导致第一雌穗不能正常结实，植株体内多余的营养会供给其相邻的上下两个果穗发育，如果这两个果穗仍然不能正常结实，营养又会供给其他果穗发育，出现更多的果穗。粗缩病也会引起多穗现象。玉米粗缩病病毒诱导玉米体内产生激素，从而打破玉米体内的激素平衡，导致第一雌穗的穗位优势丧失，会形成很多小穗。病株一般节间缩短、矮化，雌穗挤生在一起，如彩图 35－4。

防治措施：①因地制宜选用密植型品种，逐步淘汰高秆大穗型品种；适时播种，避免播种过早；合理密植；加强水肥管理，及时防治病虫害。②在出现一株多穗现象时，应及时掰掉下部的小果穗，保留中间正常生长果穗。如花丝较长仍未授粉，可适当剪掉花丝，并进行人工授粉；如苞叶过长花丝不能正常抽出，可用竹签划破苞叶顶端，促使花丝抽出。

72. 玉米为什么会长“阴阳穗”?

“阴阳穗”是指雄穗上长籽粒，雌穗上长雄穗花枝，或顶部雄穗变成雌穗，雌穗变成雄穗的现象。这种现象是玉米的返祖现象。

玉米是雌雄同株异花作物，即雄花序（即雄穗）长在植株的顶端，雌花序（即玉米果穗）长在植株中下部的叶腋里。当早、中、晚熟品种的玉米叶片分别长到8、9、10片展叶时，玉米雄穗进入小花分化期，小花原基的基部分化出3个雄蕊原基，中间一个雌蕊原基。在大喇叭口期（早、中、晚熟品种叶片分别长到近9、10、13片展叶时），随着雄蕊的迅速伸长，分隔形成花药，继而形成花粉，雌蕊停止生长发育而退化，形成正常雄穗。玉米雌穗此时也进入小花分化期，在小花突起基部出现3个雄蕊原始体，中央隆起一个雌蕊原始体。在小花分化末期，3个雄蕊原始体逐渐消失，而雌蕊原始体则迅速发育，发育成正常雌穗。如果在玉米大喇叭口期遭遇干旱、高温、阴雨寡照或病虫危害等不利条件，雌雄穗的分化进程会受到影响。有的玉米植株雄穗上雄蕊原基停止分化，或分化进程减慢，而雌蕊则迅速发育，最后形成籽粒，如果整个雄花序的小花都发育成籽粒，就形成植株顶部长雌穗现象（彩图36－1）；如果雄花序的小花部分发育成籽粒，就形成植株顶部雄穗上长玉米粒现象（彩图36－2），这是玉米雄穗返祖现象。而玉米雌穗返祖过程与雄穗返祖过程相反，形成玉米雌穗长雄穗花枝现象（彩图36－3、彩图36－4）。

播种过早的甜糯玉米、一些品种的较大分蘖相对容易发生返祖现象，但玉米大喇叭口期加强肥水管理可降低发生概率。在大田生产中，玉米返祖是个别现象，一般不采取措施。

73. 玉米为什么会长“孤老秆子”（空秆玉米）?

“孤老秆子”即玉米空秆，也称枪杆儿，是指玉米植株未形成雌穗，或有雌穗而无籽粒（彩图37－1、彩图37－2）。高秆大穗型玉米空秆率高，如东单60、东单80、东单90、盛单216、中科10号等品种。

发生原因：①恶劣气候条件。玉米在拔节孕穗期到开花授粉期如遇高温干旱，特别是拔节到抽穗期过分干旱，会使玉米提前抽出雄穗，而雌穗花期延迟，雌雄花期不遇；花粉粒在32～35℃和30%相对湿度条件下1～2小时便丧失生活力，花丝也易枯萎，造成不能正常授粉受精；花期遇阴雨寡照天气，会使花粉吸水膨胀破裂死亡，有的花粉黏着成团丧失散粉能力而无法授粉受精形成空秆。2018年黄淮海地区玉米出现大面积空秆、缺粒、香蕉穗，就是持续高温干旱引起热害导致，造成有些玉米品种严重减产。②营养物质供应不足。玉米大喇叭口期若营养物质供应不足，就不能满足玉米穗分化对养分的需求，使空秆率增加。营养不足会造成玉米叶片颜色淡绿，蚜虫、蓟马等害虫危害加剧，空秆增加。③弱苗、病苗、晚苗。在生产中，常因播种的深浅、缺苗补种或移栽、施肥喷药不均匀、受病虫危害等原因形成弱苗、晚苗和病苗，在玉米生长后期也无法赶上正常苗的生长，长势细弱，发育不良，生殖生长受到抑制而形成空秆。④病虫危害。玉米大小斑病、瘤黑粉病破坏玉米雌穗组织，消耗植株体内的养分，阻碍茎叶养分向雌穗输送，影响穗的发育形成。灰飞虱传播的玉米粗缩病，可直接导致玉米植株畸形而不能抽穗，或雌穗畸形而不能正常受粉结实。玉米蚜危害严重，玉米抽雄吐丝受阻，不能形成正常雌穗。蚜虫分泌的蜜露会引起霉污病影响光合作用，吸食植株营养影响植株生长（彩图37-3）。⑤密度过大，通风透光不良。玉米田间密度过大，叶片挤压重叠，既影响光合作用，导致有机物生产减少，秕穗增多，又遮挡了花粉的飘散，造成有穗无实（彩图37-4）。⑥营养物质比例失调。玉米氮素供应充足而缺磷钾，则造成植株叶色浓绿，茎叶繁茂，体内糖代谢受阻，叶及茎秆内的糖分增加，转运给雌穗的糖分相应减少，使得雌穗因营养不足而不能发育成果穗，形成空秆。这些空秆糖分较高，农民也称为甜秆儿。此外，缺硼、锌等中微量元素会使玉米植株花器发育受阻，不能正常受精，导致植株生长萎缩，输导系统失调，最终形成空秆。

防治措施：①选用良种。要选用高产、优质、抗逆性强、适应性广等综合性状表现比较突出的品种，如郑单958、裕丰303、联创808、玉单2号、登海605、京科968、迪卡653、农大372等中高密度品种。②合理密植。③种子处理。未包衣种子，在播种前10～15天，用2%戊唑醇和70%吡虫啉种衣剂进行拌种，可有效防治玉米病害或虫害。④加强田间管理。如选用适宜品种；科学间苗定苗；加强肥水管理，平衡施肥；及时防治病虫害；隔行去雄与人工辅助授粉；喷施化控剂。

74. 成熟的玉米穗为什么会有缺粒现象？

玉米果穗缺粒（视频15）归纳起来大致有五类，即顶部不结实（秃尖）、整个果穗籽粒稀疏分布或没有籽粒（满天星或空怀儿穗）、果穗向地侧弯曲不结粒儿或果穗一侧从上到下缺失一行或几行籽粒（佝偻穗儿或半个瓢）、穗中部籽粒缺失形似棒槌（棒槌棒）和根部籽粒缺失。见彩图38－1至彩图38－9。

视频15
玉米穗缺粒现象

玉米缺粒的原因与玉米空秆原因基本相同。如果玉米开花授粉期均为适宜的天气，果穗基本不会出现缺粒现象（彩图38－10），但往往后期会遇到高温干旱、阴雨寡照等恶劣天气，从而引起秃尖、根部缺粒现象（彩图38－1、彩图38－2、彩图38－9）。彩图38－2中果穗“假秃尖”的形成，是因为前期授粉已经完成，籽粒开始膨大，有些籽粒已经积累了少量干物质，但因密度过大、或灌浆期营养、水分供应不足等因素引起的光合产物少导致的；彩图38－4“空怀儿穗”是因雌穗花丝被棉铃虫咬断而不能正常接受花粉引起的；高温干旱、阴雨寡照等不良的环境条件导致雌穗先吐花丝而雄穗后散粉，且上面的花丝覆盖着向地侧的花丝，使其不能正常受粉，引起雌雄穗花期不遇，形成“佝偻穗儿”（彩图38－5）和“半个瓢”（彩图38－6），即果穗向地侧不结粒；彩图38－7玉米中部花丝抽出时遭遇高温干旱、阴雨寡照等不良的环境条件引起的。彩图38－8与彩图38－11均为穗腐病引起，彩图38－8病菌引起果穗中部结实不良，彩图38－11病菌导致部分穗轴干腐，不能正常输送营养引起秕粒。

预防及防治方法参照“73. 玉米为什么会长‘孤老秆子’（空秆玉米）?”。

75. 未收获玉米为什么会发芽?

未收获玉米籽粒发芽称为“穗萌现象”，属于玉米生长的一种正常表现（彩图 39－1）。玉米生长后期籽粒中的胚已发育正常，已经具有正常发芽能力，经过短暂休眠后，如果水分、温度等外部条件适宜，籽粒吸水后就会发芽。

如果玉米生长后期雨水多，玉米苞叶短，穗轴突出，玉米穗顶部就容易露出，秋季降雨较多年份果穗内部容易积聚水分，在适宜温度下，籽粒吸收水分发芽。发生穗腐病的玉米籽粒容易发芽如彩图 39－2；秕粒稀疏玉米比籽粒饱满排列的更容易吸收水分发芽（彩图 39－3）；粉质型玉米吸收水分能力比硬粒型玉米强，容易发芽，但硬粒型玉米条件适宜时也会发芽（彩图 39－4）。

防治措施：①雨水多地区尽量选择硬粒型或半硬粒型玉米，如联创 808、登海 605、纪元系列、迪卡 516、京农科 728、翔玉 998、农华 803 等品种，可在一定程度上避免穗腐病发生。②加强田间管理，合理密植，科学统筹肥水，减少缺粒、秕粒、秕穗发生。③玉米籽粒出现黑色层后及早收获。采收后及时将玉米晾干，并迅速将其脱粒、晒干，以避免其发生霉烂。玉米发芽后，其营养物质已损失，轻度发芽的籽粒视情况可用来饲喂鸡、鸭等家禽，若已发生霉烂等现象，切忌再用于饲喂家禽家畜。

76. 怎样判断收籽粒玉米的最佳收获时期?

很多农民看见玉米的苞叶发黄松散了，就认为可以收获了，有的认为只要不收割，玉米还可以灌浆，因此一直等到植株干枯才收获果穗，其实这些做法都存在误区。只有玉米籽粒真正成熟时，才是收获的最佳时期（视频 16），玉米收获过早或过晚都会对玉米产量造成损失，那么怎样判断玉米籽粒是否成熟可以收获呢，有以下两点：

视频 16
籽粒玉米最佳收获时期

（1）玉米籽粒成熟的物理标志：果穗苞叶变白，苞叶松散（彩图40-1）。北方玉米一般在9月底10月初收获，当苞叶松散，果穗有光泽，籽粒饱满，植株下部叶片变黄，籽粒含水率降到30%以下，这时籽粒重量达到最高，即使外界条件仍适于玉米生长，其光合作用产物也不再向籽粒中运转，这时便可以收获。

（2）玉米籽粒成熟的生理标志：籽粒脱水变硬、乳线消失和籽粒基部（胚下端）出现黑色层（彩图40-2）。玉米籽粒黑色层形成受水分影响极大，不管是否正常成熟，籽粒水分降低到32%时都能形成黑色层，因此黑色层形成并不完全是玉米正常成熟的可靠标志，生产常将其作为适期收获的重要参考指标。授粉后50天左右乳线消失，此时籽粒干重最大，也是适合收获的主要参考指标。

77. 怎样确定甜玉米最佳收获时期？

甜玉米必须在乳熟期（最佳采收期）收获并及时上市才有商品价值。春播甜玉米采收期处在高温季节，适宜采收期较短，一般在吐丝后18～20天。秋播甜玉米采收期处在秋冬凉爽季节，适宜采收期略长，一般在吐丝后20～25天。不同品种、不同季节的最佳采收期有所不同（视频17）。

视频17
甜玉米最佳
收获时期

收获标准：甜玉米果穗苞叶青绿，包裹较紧，花丝枯萎转至深褐色，籽粒体积膨大至最大值，色泽鲜艳，挤压籽粒有乳浆流出（彩图41-1至彩图41-3）。

采收时间宜在早上（上午9点前）或傍晚（下午4点后）进行，秋季冷凉季节采收时间可适当放宽，以防止果穗在高温下暴晒、水分蒸发，影响甜玉米品质保鲜。甜玉米采收后当天销售最佳，有冷藏条件时可存放3～5天。高温会加速甜玉米品质下降。果穗采摘后堆放易发热变质，适宜摊放在阴凉通风处。夏天可用冷藏车或加冰运输方式，以保持鲜穗品质。

五、施肥与灌溉

78. 玉米整个生育期对养分的需求量是多少?

玉米生长需要从土壤中吸收多种矿质营养元素,其中以氮素最多,钾次之,磷居第三位。一般每生产 100 千克籽粒需从土壤中吸收纯氮 2.57～3.43 千克、五氧化二磷 0.86～1.23 千克、氧化钾 2.14～3.26 千克。不同地区的玉米养分需求也会有变化,夏播玉米与春播玉米的养分需求也不完全相同,因此施肥前一定要向当地土壤肥料部门了解本地玉米养分需求情况和测土配方施肥情况,来确定最佳的施肥配方、施肥量、施肥时期和施肥方法等。

79. 为什么提倡施用有机肥?

(1) 营养全面,提供作物生长所需的多种养分 有机肥料营养全面,含有农作物所需要的大量元素、微量元素、糖类和脂肪,同时有机肥分解所释放的 CO_2 可促进光合作用。

(2) 培肥地力 土壤中含有多种中微量元素如钙、镁、硫、铜、锌、铁、硼、钼,但 95%以不溶态形式存在,不能被植物吸收利用。而有机肥中的微生物代谢产物含有大量的有机酸类物质,可以把中、微量元素溶解,使之被植物直接吸收利用,增加了土壤的供肥能力。

(3) 改善土壤理化性质,促进土壤团粒形成 有机-无机团聚体是土壤肥沃的重要指标,它含量越多,土壤越蓬松柔软,通气性好,土壤蓄水保肥能力强,养分水分不易流失,能避免和消除土壤板结。

(4) 促进土壤微生物繁殖 有机肥料含有丰富的有机质，为各种微生物生长和繁衍提供了营养和场所。

(5) 可有效提高农作物抗病、抗旱、耐涝能力 有机肥料中的有益微生物能抑制有害病菌的繁殖，减少作物遭受有害病菌侵染的机会。有机肥中的枯草芽孢杆菌等有益微生物利用有机质，产生次级代谢物，含有大量的促生长类物质，可提高作物抵抗不良环境的能力。有机肥施入土壤后，可增强土壤的蓄水保肥能力，在干旱雨涝情况下，能增强作物的抗旱耐涝能力。

80. 玉米施肥方式主要有哪几种?

(1) 基肥 结合深翻整地将有机肥施到耕层土壤中，与土壤混合均匀。近年来，由于有机肥施用量不足，土壤已出现板结、贫瘠的趋势，建议增加有机肥施入量，有机肥量太大要腐熟后施入。

(2) 种肥 现在大部分地区采用种肥同播的施肥方式，将种施化肥一次性全部施入，每亩施用40～60千克；采取底（种）肥和追肥配合施用方式的，种肥一次性全部施入，每亩10～35千克。化学肥料做种肥时要种肥隔离8～10厘米，侧深施肥更好，深度以10～15厘米为宜。尿素、碳酸氢铵、氯化铵、氯化钾不宜做底肥。

(3) 追肥 追肥分提苗肥、攻秆肥、穗肥和粒肥4个追肥时期，但生产中一般只追1～2次肥。追肥应深施覆土，减少养分挥发损失。

81. 玉米在什么时期追肥最好?

玉米提倡追两次肥，如底肥使用量大可追一次肥。将攻秆肥和穗肥两次追肥作为重点，攻秆肥在玉米大喇叭口期前追施，有促进茎生长和促进幼穗分化作用，亩施尿素5～10千克。在玉米灌浆初期亩施尿素10～15千克，可使籽粒饱满，千粒重增加。

现在有些地区底肥施用量在25～35千克/亩，玉米生育前期基本不缺肥，提倡大喇叭口期追一次肥，此时正处于需肥临界期，追肥可促进穗大粒多，籽粒饱满。

有些农户在玉米拔节前期过早追肥，导致玉米旺长，下部节间生长迅速，节间长，茎秆壁薄，增加倒伏风险，且生长后期容易脱肥早衰。

82. 为什么氮肥作追肥时要深施？

追肥深施的好处：①氮肥深施可减少肥料有效成分直接挥发、随水流失及反硝化脱氢的损失。②氮肥深施有利于根系发育，扩大营养面积，提高根系活力，促进根系下扎。③深层施肥肥效长而稳，后劲足。

追肥深施好处虽然很多，但因其劳动强度大、效率低、设备投资高等原因，还做不到全部推行，有些地区农民依然采取表面撒施的追肥方法。追肥表面撒施应在透雨过后，行间均匀分散撒施，不宜集中撮施（图42-1）。均匀分散撒施的好处是颗粒在土壤表面均匀分布，颗粒直接与土壤接触，极易溶化渗入土壤，挥发浪费少，且玉米行间的根系为吸收营养能力更强的毛细根。有些农民认为肥料撮施在植株附近养分集中，植株更容易吸收，其实是错误的。肥料撮施如果表层土壤湿润度不足，或土壤急剧干燥，撮施的肥料容易在土壤表面形成白色肥痕或白色板结壳，导致肥料浪费（彩图42-2、彩图42-3）。

83. 施肥越多产量就越高吗？

从产量角度分析，根据报酬递减定律，当施肥量超过适量时，作物产量与施肥量不再是正相关关系，而是随着施肥量的增加，作物产量减少。

从肥害的角度分析，无限度的施肥，导致土壤溶液中的盐分浓度提高，因盐分浓度及盐分自身的危害作用，玉米将不能正常生长发育，直至枯死，也就是烧苗。在玉米生长期假如氮肥施用过多，会造成徒长、贪青晚熟、容易倒伏并易被病虫危害；磷肥施用量过大，不仅营养期缩短，成熟期提前，出现早衰，而且容易造成锌、铁、镁等营养元素缺乏，影响作物品质；钾肥施多了反而会影响钙或其他微量元素的吸收，引起一些缺素症。

84. 玉米一次性施肥有哪些优缺点？

所谓的“玉米一次性施肥”，是指近年来玉米主产区的农民朋友们在玉米种植上所采用的一种施肥方法，又叫“一炮轰”。即在种玉米时，把底化肥、种肥和追肥这些玉米全生育期所需的氮、磷、钾、微肥，在播种时全部一次性施入土壤中，此后的玉米整个生育期不再施肥的方法。而常规施肥的方法是，在玉米播种时施用种肥后，又在玉米拔节期、大喇叭口期、灌浆期分次或单次追施化肥。

一次性施肥的优点：①节约化肥，减少投入。常规施肥氮肥利用率只有30%～35%，一次性施肥可以达到50%～60%。②节省人工，便于管理。一次性施肥免除了繁重的人工追肥，同时避免了追肥等雨现象。③含量充足，营养全面。一次性施肥使用的各类调控机制的长效缓释肥，一般含有氮、磷、钾元素，同时含有作物所需的中、微量元素。

一次性施肥的缺点：①受土壤类型、质地限制。一般沙土、沙壤土使用效果差。这类土壤漏水漏肥严重，玉米生长前期对养分吸收较少，且吸收能力较弱，而此时土壤养分过于集中；生长后期玉米需肥处于高峰，养分吸收能力也强，而此时肥料在土壤中已经流失了较多，容易出现脱肥现象。②气候因素的限制。在干旱或降水较多的年份，山坡地或低洼易涝地，不建议进行一次性施肥。

85. 玉米一次性底施肥料都有什么种类？

现在好多农民朋友或农资销售商，将高氮复合肥料或高氮掺混肥料，甚至将氮磷钾含量为15－15－15的肥料，都作为一次性底肥施用，造成玉米后期脱肥，产量降低。真正的玉米一次性底施肥有以下几类：

（1）合成缓溶性有机氮肥 指由尿素与甲醛或乙醛等有机物直接反应而生成的肥料，其主要品种为脲醛复合肥料，如脲甲醛、脲乙醛（又称丁烯叉二脲）和异丁叉二脲等。目前国内知名品牌有鲁西、汉枫、住商等。

（2）合成缓溶性无机肥 以磷酸镁铵为主，为白色固体，含氮

9.02%、磷 11.95%、镁 15.65%，溶解度较低。目前市场上销售很少。

(3) 包膜肥料 可溶性化学肥料颗粒表面包有一层半透性或不透性（难溶性）膜状物质的肥料。常用的包膜材料有聚乙烯、聚氨酯、硫黄、磷酸镁铵、树脂、石蜡和沥青等。硫黄包膜尿素是包膜肥料中较成熟的一个品种。目前，国内知名品牌有汉枫、金正大、津大盛源、茂施等。

(4) 控失肥 是一种将控失剂添加到普通化肥中，能够控制化肥养分流失的一种复配材料。目前，国内比较知名的品牌主要有红四方控失肥、心连心控失肥、六国控失肥等。

(5) 稳定性肥料 稳定性肥料就是在肥料中加入适量的尿酶抑制剂，抑制尿素的水解，延缓氮肥供应期；加入适量的硝化抑制剂，抑制铵根离子向硝酸根离子的转化，减少氮素流失。目前，国内比较知名的品牌主要有施可风、史丹利等。

86. 如何选择玉米一次性底施肥料？

(1) 根据当地的气候、土壤和种植习惯来选择 比如温暖多雨的地区，建议购买控释或缓释掺混肥料、控失性复合肥料。北方丘陵地区可购买控失性复合肥料，或腐植酸高氮复合肥料。北方平原区建议购买控释或缓释掺混肥料、脲醛复合肥料、控失肥料。沙壤土可使用控释或缓释掺混肥料，但花粒期要追肥；土壤黏重地块建议使用脲醛复合肥料。

(2) 看肥料名称 正确的玉米一次性底施肥名称为脲甲醛复合（混）肥料、控释掺混肥料、缓释掺混肥料、控失复合肥料、稳定性复合肥料等。

如果名称为缓控释肥料、控释肥料、缓释肥料、智能控释肥料、傻瓜控释掺混肥料、玉米专用控释肥、懒汉缓释肥等，都是不适宜的，尽量避免选用。控释肥料和缓释肥料是两种肥料，它们的生产技术、释放原理、执行标准都不一样，有些厂家没有搞清两种肥料的概念，将其混为一谈是错误的。

(3) 看养分含量 玉米一次性底施肥应归属于复混肥料或掺混肥

料，肥料养分含量应符合复混肥料或掺混肥料对养分含量的要求。购买缓释掺混肥料或控释掺混肥料时，包装应标明控释或缓释养分含量，且控释或缓释养分含量不低于8%（彩图43-1），如控释或缓释为氮钾两种养分时，单一养分含量不低于4%。稳定性复合肥料应在外包装标明添加抑制剂种类，即脲酶抑制剂和（或）硝化抑制剂（彩图43-2），在包装袋背面标明酰胺态氮和铵态氮占总氮的比例。产品为脲甲醛复合肥料时，在包装袋上标明脲醛种类、总氮含量、缓释有效氮含量。

（4）看执行标准　玉米一次性底施肥是复混（合）肥料或掺混肥料中添加了长效缓控释的物质，使其具有了特定的作用和功能，因此不仅要标注复混（合）肥料或掺混肥料执行标准，还要标注长效缓控释肥料标准（彩图43-3）。同时，在复混（合）肥料或掺混肥料名称前面或后面加注表示添加物性质的词语，如稳定性复合肥料、脲甲醛复混肥料等。

87. 化肥为什么会烧苗？

基层的一些农资零售商为了增加销量，在销售化肥时经常向农民承诺硫酸钾复合肥或磷酸二铵不烧苗，很多农民也认可这种说法，但近年来硫酸钾复合肥和磷酸二铵烧苗现象却屡见不绝。

烧苗烧种主要表现为：烂籽不出苗；植株弱小，生长停止或明显减慢，叶片黄绿色或灰绿色，叶片变窄或边缘卷曲，叶尖端逐渐枯黄；茎发黄，节间缩短，根毛少或无根毛，有的可见黑色坏死斑点。

造成烧苗的主要原因及防治措施如下：

（1）肥料中含有的氯离子、缩二脲及三氯乙醛等有毒物质而引起烧苗。如氯化钾、氯化铵、尿素等。

（2）土壤溶液浓度高，引起种子或幼苗体液倒流而烧苗。如种、肥距离过近或隔离不清（彩图44-1），土壤水分充足肥料溶解过快，种肥施用量过多等，都可能引起土壤溶液浓度骤然升高，引起种子或幼苗体液倒流而烧苗。人工施肥的，种子与化肥基本无隔离，玉米种子或根系碰到化肥即发生烧种、烧苗。采用播种机播种，种肥一次施入的，种子与肥料之间只有2～3厘米土层隔离而造成烧种烧苗。

硫酸钾复合肥和磷酸二铵是可以作为种肥的，包装袋的说明为5～10千克/亩，而有些农户每亩施入25～40千克且不隔离或隔离过近，造成局部土壤溶液浓度过高而烧苗。因此农户在选用优质复合肥的前提下，应通过深耕深松，增施有机肥，提高土壤蓄水供水能力，同时改种下施肥、肥种混播为侧深施或种间穴深施，即种子与肥料间左右隔离8～10厘米、上下隔离3～5厘米，不仅有效防止烧苗、烧芽，而且还能促进根系下扎，植株健壮生长。

88. 种植玉米可以选择含氯的肥料吗?

玉米对氯元素不敏感，不是忌氯作物，可以施用含氯的肥料，如氯化钾复合肥料、含氯掺混肥料、含氯控释肥料等。玉米施用含氯肥料，不仅产量、品质不会降低，而且由于含氯肥料价格相对便宜，可降低生产成本。但要注意，如果当地干旱少雨，土壤易盐碱化，或土壤本身就是盐碱地，要选择不含氯肥料，如硫酸钾复合肥料等。

89. 玉米氮元素缺乏症的表现有哪些？如何预防?

玉米缺氮时，幼苗瘦弱，叶片呈黄绿色，植株矮小。氮有流动性，因此发黄的叶片从植株下部的老叶开始，首先叶尖发黄，逐渐沿中脉扩展呈楔形黄化，当整个叶片都褪绿变黄后，叶鞘就变成红色，不久整个叶片变成黄褐色枯死。中度缺氮情况下，植株中部叶片呈淡绿色，上部细嫩叶片仍呈绿色。如果玉米生长后期仍不能吸收到足够的氮，其抽穗期将延迟，雌穗不能正常发育，果穗小，顶部籽粒不充实，形成假秃尖，导致严重减产（彩图45-1至彩图45-3）。

发生原因：①土壤肥力降低，土壤自身供给玉米氮素的能力下降。②土壤保肥能力降低，施入的氮素流失。玉米喜欢吸收硝态氮，但硝态氮不能被吸附，而溶于土壤溶液中，易被雨水、灌溉水淋溶流失，导致供给不足。③施肥不科学。氮肥的施用量少，肥料品种选用不合理，肥料品质差，施肥时期及施肥方式不合理等，都会引起玉米缺氮。④田间管理粗放。种植密度过大，杂草病虫危害等严重影响玉米生长发育，从而间接影响其对氮素的吸收利用。⑤微生物争夺土壤中的氮素。近年来，随着施肥量的增多，缺氮现象已经减少，然而联合收割机和省力栽培方式的采用，导致未腐熟秸秆、牛粪等大量施于农田，这些未腐熟有机物的分解腐熟，反而会消耗土壤中大量的无机态氮，造成土壤缺氮。

防治措施：①分期追施氮肥。为保障玉米正常生长，分别在玉米拔节期、大喇叭口期、花粒期追施氮肥，氮肥追施量应前轻中重后轻，根据苗情、土壤肥力等因素确定具体用量。②叶面喷施氮肥。可用0.5%～1%的尿素溶液每亩30千克进行叶面喷施。③对于秸秆还田地块，可在旋耕前每亩撒施尿素5～10千克，为微生物生长繁殖提供氮源，避免苗期缺氮。

90. 玉米磷元素缺乏症的表现有哪些？如何预防？

玉米缺磷症状，苗期最为明显，一般春玉米发生重，尤其是低洼地发病重。主要表现为植株生长缓慢，茎秆细弱，茎基部、叶鞘、叶片甚至全株呈现紫红色，严重时叶尖枯死呈褐色，抽雄吐丝延迟，结实不良，果穗弯曲、秃尖。这是由于在缺磷时碳元素代谢受到破坏，糖分在叶中积累，形成花青素的结果（彩图46-1、彩图46-2）。

发生原因主要有3种：①土壤缺磷。当土壤中的磷，满足不了玉米的生长需要时，根系生长发育受阻，叶片由暗绿色逐渐变红色或紫色。②气温或土壤温度偏低，抑制根系生长影响磷吸收。③田间积水或土壤湿度过大影响了根系的呼吸，根系生长也会受阻，导致植株营养不良而发红、发紫。

防治措施：①早施磷肥，以速效磷肥磷酸二铵为主，每亩可底施15～25千克，出现缺磷症状的可每亩用99%磷酸二氢钾100克兑水30千克进行叶面喷施。②平整土地，开挖排水沟，做到雨停水干，田间不积水；过于黏重地块可深中耕，做到行间深株间浅，以提高地温。③适时播种，避免因为温度低而影响磷肥吸收。

91. 玉米钾元素缺乏症的表现有哪些？如何预防？

玉米缺钾症（视频18）表现为中下部老叶叶尖和叶缘黄化、焦枯，呈倒V形，叶脉变黄，上部嫩叶呈黄色或褐色，节间缩短，叶片大小相差无多，二者比例失调而呈现叶片密集堆叠矮缩的异常株型。茎秆变细而软、易折，根系发育弱，成熟期推迟，果穗发育不良，行小粒少，籽粒不饱满，产量锐减，淀粉含量低，皮多质劣（彩图47-1、彩图47-2）。玉米移栽苗如造成根系损伤，缓苗后玉米下部叶片叶缘常形成金边（彩图47-3），但金边比缺钾症状金边窄，颜色明显，不可与缺钾症状混淆。玉米苗期缺钾与根腐病症状相似，均表现为下部叶片黄化干枯，植株瘦弱，但缺钾症叶片边缘黄化，根系生长正常，不腐烂变黑，这是与根腐病的主要区别（彩图47-4）。

视频18 玉米钾元素缺乏症

发生原因：①土壤缺钾。②大量偏施氮肥，而有机肥和钾肥施用少。③排水不良，土壤还原性强，根系活力降低，对钾的吸收受阻。

防治方法：①适当增施钾肥，每亩底施氯化钾或硫酸钾5～15千克。②叶面施肥，出现缺钾症状的可每亩用99%磷酸二氢钾100克兑水30千克进行叶面喷施。③控制氮肥用量，追施氮钾追肥。玉米追肥时，可每亩追施氮钾二元复合肥（22-0-8）20～30千克，尽可能避免使用尿素。

92. 玉米锌元素缺乏症的表现有哪些？如何预防？

玉米锌元素缺乏症通常出现在出苗后2周内，严重缺锌会出现花白苗。缺锌植株上部叶片具有浅白色的条纹，后中脉两侧会出现一个白化的宽带组织区，但中脉和边缘地区仍是绿色。当作物逐渐成熟后，除了新叶叶脉间出现浅黄色条纹或者叶片边缘出现白色斑点外，老叶的叶脉也会形成失绿条纹。

防治措施：①腐熟的有机肥含有大量的有机态锌，而且有效性好，肥效期长。增施有机肥，或每年每亩底施1千克硫酸锌，可提供玉米生长所需要的锌。②种子处理。每亩用4～6克硫酸锌拌玉米种1千克，或用0.1%～0.3%硫酸锌水溶液浸种。③发现玉米缺锌症状时，可用0.2%左右的硫酸锌溶液，在苗期、拔节期、抽穗期前叶面喷施，每亩每次用硫酸锌50～75克。

93. 碳酸氢铵肥害的主要症状有哪些？如何防治？

碳酸氢铵肥效迅速，价格低廉，很受农民欢迎。碳酸氢铵容易挥发，农民在高温下使用时用量大，且覆土较浅，或不覆土，或覆土不严，会导致肥料的挥发，浓度较高时容易造成玉米下部叶片受损，出现褪绿失水斑块，随后沿叶脉形成灰绿色条斑，后中心变白色枯死斑，边缘无晕圈，叶脉保持绿色。受害严重，枯死斑连接成片，脉间组织脱落，只余枯死残脉（彩图48-1）。农民为提高施肥效果，常常将肥料紧贴玉米根茎基部，造成茎基部叶鞘油渍状烧灼坏死，严重的叶片干枯，植株生长缓慢，茎基部腐烂，甚至整株枯死（彩图48-2）。

预防措施：选择在没有露水的天气，追肥时尽量避免肥料落在叶片或叶腋内，根茎部要与肥料隔离5～10厘米，施肥后及时覆严土以免挥发。肥害产生后及时大水漫灌，同时喷施0.136%赤霉素·吲哚乙酸·芸薹素内酯可湿性粉剂来调节生长。

94. 玉米各生育阶段对水分的需求特点是什么？

（1）播种期 玉米籽粒播种后需从土壤中吸收本身绝对干重50%的水分才能萌动发芽，需水量仅占全生育期总需水量的3.1%。播种时耕层土壤的田间持水量必须保持在60%～70%，才能保证出苗良好。

（2）幼苗期 玉米在幼苗期的需水量约占全生育期总需水量的19%，土壤水分保持在田间持水量的60%左右最佳。

（3）拔节孕穗期 玉米对水分的要求较高，此期的需水量约占全生育期总需水量的25%左右，田间持水量达到70%～80%为宜。

（4）抽穗开花期 对水分的反应极为敏感，为玉米需水的“临界期”。该时期需水量占全生育期总需水量的30%以上，田间持水量达到80%左右为宜。

(5) 灌浆成熟期 该时期需水量占全生育期总需水量的22%左右，这期间维持田间持水量在70%左右，就可以满足植株后期生理的需要。

95. 为什么北方春玉米提倡造墒播种，不提倡浇蒙头水？

北方春玉米播种时墒情不足，提倡造墒播种，可确保苗齐、苗壮、苗匀，无缺苗断垄。不提倡浇蒙头水，是因为北方大部分地区春玉米播种时温度还不是太高，地温不稳定，浇蒙头水易形成田间积水导致地温骤降，出苗速度慢、苗黄、甚至会造成严重烂种缺苗；且由于风大、空气干燥，蒙头水浇完后土壤表层容易板结成块，造成出苗困难。

96. 北方玉米灌溉方法主要有哪些？各有何优缺点？

(1) 大水漫灌 即把水直接浇在地里，让水流在地面以漫流方式进行灌溉的作业方式。此方法水资源利用率不高，不仅浪费水，在干旱的情况下还容易引起土壤的次生盐碱化。

(2) 沟灌 优点是充分利用农田垄的特点，把垄沟作为灌水沟，无需新增农田水利投资，可操作性强；缺点是受地形地势影响较大，地势坡度过大或起伏较多的地块不适用沟灌。

(3) 畦灌 该方法比大水漫灌容易控制水量，能减少地表板结和肥料的流失。优点是可依地势的高低，地面的大小，决定畦的大小。这种灌溉方法一般是在播种前及苗期采用。

(4) 喷灌 该方法是将灌溉水通过喷灌系统（或喷灌机具），形成具有一定压力的水，由喷头喷射到空中，形成水滴状态，洒灌在土壤表面，为玉米生长提供必要的水分。优点是减少了灌溉水对土壤的冲刷，避免土壤板结，用水量可随意控制，比传统灌溉节水15%～30%；缺点是耗费动力和金属材料，设备成本较高，投入大。

(5) 滴灌 该方法是利用塑料管道将水通过直径约10 mm毛管上的孔口或滴头送到作物根部进行局部灌溉的方式。优点是节水，比喷灌还要节水20%～25%，同时可降低肥料、养分损失，劳动力、动力成本相对较低；缺点是初始成本投入大，设备易受损堵塞，维护成本高。

视频19 北方玉米灌溉方法

为推动地下水压采，减少小麦、玉米灌溉用水，近年来，各地积极创新，发明了固定立杆式喷灌、地埋伸缩式喷灌、卷盘式淋灌、微喷带式喷灌、膜上灌溉、膜下滴灌、浅埋滴灌等多种高效节水灌溉方式（视频19）。

97. 玉米在什么时期灌溉最好?

有水浇条件的地块，在土壤水分不足的情况下，应根据近期天气预报、玉米生育时期和土壤水分含量情况等因素，确定是否灌溉。如近期没有大范围充沛降水，玉米处于大喇叭口期、或抽雄开花期、或籽粒灌浆期等生长关键时期，田间持水量低于70%时，应及时灌溉，避免因干旱而减产。

玉米苗期苗小根少，以蹲苗促壮为主，不旱不浇。拔节期雌、雄穗开始分化，要求田间持水量达70%为宜，尤其是大喇叭口期，干旱容易形成“卡脖旱”，因此遇旱必须灌溉。抽雄开花期是玉米水分临界期，此时墒情不足应及时灌溉。灌浆期干旱将导致籽粒干物质积累减少，粒重下降，此时干旱也要及时浇水。2022年丰润地区遭遇秋旱，从8月17日至10月2日一直无有效降雨，导致未浇水地块籽粒粒重下降显著，每亩减产在100千克以上。

98. 什么是玉米膜下滴灌技术？使用效果如何?

玉米膜下滴灌是将滴灌带铺设在膜下，利用地面给水管道（主管、副管）将灌溉水源送入滴灌带，滴灌带上设有滴头，使水不断地滴入土壤中直至渗入玉米根部，以减少土壤的田间蒸发，提高了水的利用率（彩图49-1）。

膜下滴灌是现代节水灌溉中一次新的突破，它结合不同形式的节水灌溉方法的优点，建立了单独的灌溉系统，利用少量的水使大面积的耕地得到有效灌溉，使之达到灌溉节水、保水、保温、改善土壤性状、光照条件、加速作物生长发育进程、提高粮食产量的目的。

99. 小麦玉米一年两熟农田浅埋滴灌节水技术怎么样？应注意什么问题？

小麦—玉米一年两熟农田浅埋滴灌，即小麦玉米一年两熟的农田经过深松和整地，不再保留垄沟和田间畦埂，利用小麦播种机加挂铺设滴灌带的设备，播种、镇压后在农田开沟和覆土，将滴灌带浅埋于地下，一次性完成播种施肥和铺设滴灌带作业，根据作物需水情况适时滴灌，并且结合作物需肥情况，采用水肥一体化技术进行滴灌和施肥。小麦玉米两季作物全生育期只铺一次滴灌带，待玉米收获后，利用机具将滴灌管回收。

该技术具有的优点：①节水。与普通的漫灌相比能节水50%左右。②省工。灌水期间不需要人工开沟铲土或搬运设备，节省用工。③增产。可实现水肥一体化，有利于增产增收。④节地。取消了农渠、田间灌水沟及畦埂，可节地3%以上。⑤节肥。避免因撒施化肥造成挥发，污染环境，提高了肥料利用率。⑥及时。灌水周期短，能及时补水、补肥。

使用过程中应注意的问题：①整地要精细、平整。小麦播前整地要精细，做到土地平整，前茬玉米秸秆还田的要粉碎，防止土块、杂草、秸秆等将滴灌带托起。小麦播种后铺设主管前进行镇压。②滴灌带埋深要适宜。一般埋于地下3～5厘米，沙质土壤埋深5～6厘米，黏土埋深2～3厘米。如果滴灌带铺设过浅，容易被大风刮起，铺设过深，土壤对滴灌带压力过大，影响水流畅通。③安装过滤装置。进入滴灌带的水必须过滤处理，防止沙土等异物进入滴灌带堵塞流道滴头，应定期清理过滤器。

100. 滴灌管堵塞都有哪些原因？怎样预防？

滴灌管堵塞原因：①物理堵塞。物理堵塞是引起滴灌堵塞的主要原因。灌溉水质差而过滤系统又不完善时，泥沙等杂物被水泵抽取进入管道及滴灌管后，在通过内镶式滴头锯齿状流道时，杂物将流道堵塞导致滴头无法出水。②生物堵塞。主要是指作物的根系入侵滴灌出水孔或灌溉水中藻类及其他微生物的生长而引起的堵塞。③沉淀物堵塞。主要是化学肥料与水质沉淀造成。滴灌施肥后残留在滴灌管中的有些肥料（如硫酸钙等）会发生沉淀而导致滴头流道堵塞；如果滴灌水属于硬水，则碳酸盐含量偏高，长期使用会在滴灌内管壁生成较多的水垢而堵塞滴头。

预防措施：①滴灌用水的预处理。这是防止堵塞的最经济有效的方法，预处理越严格，物理性堵塞发生的现象就越少。根据水质及流量，在水泵进水口处用铁丝网做3道拦污网，安装的拦污网目数由小到大，可分别为10～50目不等，拦去悬浮杂物和泥沙；或将河水引入蓄水池中，经沉淀后备用，并遮盖避光，防止藻类繁殖。②安装过滤系统与滴灌管。根据预处理的水质情况分别安装沙石过滤器、叠片式、筛网式过滤器或组合使用，一般只有经过过滤处理后的水质才能达到滴灌水的使用标准。田间安装滴灌管带的，使管带上的滴孔朝上，这样可使水中的少量杂质沉淀在底部，还能防止根系入侵滴灌孔。③定期冲洗滴灌管。第一次使用新安装的滴灌管时，要打开滴灌管末端的堵头，充分放水冲洗，把管中杂质冲洗干净后才能开始使用，滴灌管一般使用5次后要冲洗1次。④灌水前要检查过滤器。开启过滤器反冲洗装置去污，及时清除过滤器滤网上积聚的杂质，防止过滤器堵塞，发现滤网损坏的要及时更换。⑤正确使用滴灌施肥。选用可溶性肥料，且施肥器必须安装在过滤器之前；滴灌系统过滤设备正常时才能进行施肥，施肥结束后要用清水对系统进行彻底冲洗，以防止管道中剩余的肥料沉淀。

101. 玉米水肥一体化技术的要点是什么？

我国西北玉米种植区，由于干旱少雨，玉米种植采取水肥一体化技术已经很成熟。黄淮海小麦—夏玉米种植区水肥一体化技术近年才逐渐被部分合作社、家庭农场、种植大户接受，随着耕地规模化经营的快速发展，该技术也将得到广泛推广。

水肥一体化是借助压力灌溉系统，将可溶性固体或液体肥料溶解在灌溉水中，按作物的肥水需求规律，通过可控制管道系统直接输送到作物根部附近的土壤供给作物吸收。其特点是能够精确地控制灌水量和施肥量，显著提高水肥利用率。水肥一体化常用形式有微喷、滴灌、渗灌等，因其具有节水、节肥、节地、增产、增效等优势，是一项应用前景广阔的现代农业新技术。主要技术要点如下：

（1）水肥一体化工程构成 水肥一体化系统由水源、首部系统、输水管道和微灌带或滴灌带四部分组成。水源包括地表水和地下水。首部系统主要包括潜水泵、加压泵（一般在4.5～7.5千瓦）、过滤器、逆止阀、水表、排气阀、压力表、施肥器（多用文丘里式或注射式）、施肥罐或施肥池。输水管道包括干管与支管两级管道。干管可采用地上软管或地埋硬管两种形式。微喷带铺设长度40～60米，间距1.8米或2.4米，输水支管的最大铺设长度50～70米。滴灌管多采用2行玉米一根管。

（2）水肥一体化肥料选择及施用 ①肥料选择。肥料要求常温下能够具有以下特点：高度可溶性、养分含量高、杂质含量低、溶解速度快，避免产生沉淀，酸碱度为中性至微酸性。常用肥料有尿素、硫酸钾、溶解度高的复合肥、硝酸钾、硝酸铵等。②溶解肥料。先向施肥罐内注水，加水量为肥量的1～2倍，然后把称好的肥料倒入施肥罐内，搅拌均匀。当使用两种或两种以上肥料时，应先在水盆中溶解后观察是否出现沉淀。正确的肥料混合方法是先在大量水中完全溶解一种肥料，然后加入第二种肥料。

（3）施肥注意问题 先浇一定时间的清水（最少约5分钟），然后打开文丘里施肥器开关，通过调整施肥器主管道上的球阀来调整施肥速度，控制在10～15分钟内施完为宜。施肥结束后，关闭施肥器，再浇最少约5分钟的清水，冲洗管道内残余肥料。

（4）浇水注意问题 浇水次数应根据土壤墒情和追肥需要来确定。出苗后尽量延迟第一水灌溉时间，直至玉米幼株上部叶片卷起（春播玉米苗后40～45天以内，夏播玉米20～25天）。玉米大喇叭口期、乳熟初期不论有无降水，都要进行灌溉追肥，以满足玉米后期养分需求。

六、病虫草鼠鸟害防治

102. 如何防治玉米苗期根腐病？

玉米 3～6 叶期的幼苗根腐病多发，发病幼苗一般下部叶片黄化或枯死，植株矮小，或茎叶为灰绿色或黄色失水干枯；种子根变褐腐烂，可扩展到中胚轴，严重时幼芽烂死；幼苗初生根皮层坏死，变黑褐色，根毛减少，无次生根或仅有少数次生根；茎基部水渍状或黄褐色腐烂或缢缩，可使茎基部节间整齐断裂。通常无次生根的病苗死亡，造成缺苗断垄，有少数次生根的成为弱苗，底部叶片的叶尖发黄，并逐渐向叶片中下部发展，最后全叶变褐枯死。病苗发育迟缓，生长衰弱，严重时各层叶片黄枯或青枯（彩图 50－1 至彩图 50－3)。

根腐病在春玉米上发病较重，夏玉米发病相对较轻。该病可由多种病菌引起，多种病原菌可混合侵染发生。病残体和玉米种子可带菌传病，玉米苗期持续低温多雨是根腐病发生的主要诱因。沙质土壤、有机质含量低的瘠薄土壤、多年重施化肥而板结的土壤发病重，有机质含量高的土壤发病较轻。连作田块、偏施氮肥、磷钾缺乏的田块，以及密度过大、通风透光差、地势低洼、湿度高的田块，发病较重。播种过深，玉米出苗时间延长，或苗期虫害严重，造成幼苗伤口较多时，根腐病也趋于严重。玉米品种间抗病性有差异，连年大面积种植高感品种发病重。小粒玉米杂交种苗期长势较弱，对高温、多湿较敏感，发病较重。

防治方法：主要有选择抗病品种和药剂处理等综合措施。①种植抗病品种。抗病品种主要有登海 685、和玉 1 号、秋乐 818、华春1号、联创808等。②药剂处理。种子可用11%精甲·咯·嘧菌种衣剂包衣。根腐病初发期还可用98%恶霉灵可湿性粉剂500倍液灌根，或喷施50%多菌灵可湿性粉剂600倍液，可有效控制该病发展。

103. 如何避免玉米矮花叶病的发生?

玉米矮花叶病是由玉米矮花叶病毒引起，病毒通过蚜虫以非持久性方式或汁液摩擦传播（视频20）。玉米整个生育期都可以发病，苗期受害最重，抽穗后发病较轻。高温时病症消退或不明显。最初在幼苗心叶叶脉间出现椭圆形褪绿斑点、斑纹，长短不一，病部有的受叶脉限制，有的不受叶脉限制，扩展后与健部形成花叶症状。在褪绿花叶内部夹杂着圆形、椭圆形、长条形等各种不同形状的绿色斑点，形似“绿岛”，这是区别于其他叶部病害的典型特征（彩图51-1、彩图51-2）。受叶脉限制的褪绿斑纹，与绿色叶脉形成黄绿相间的条纹花叶（彩图51-3）。

视频20
玉米矮花叶病

预防措施：该病主要靠蚜虫的扩散而传播，因此，清除田间地头杂草、消灭蚜虫的中间寄主、适当晚播避开蚜虫高发期、种植抗病品种等是防治该病的主要农业措施。使用70%吡虫啉种衣剂或70%噻虫嗪种衣剂对种子进行包衣，玉米苗期喷施10%吡虫啉可湿性粉剂+0.5%菇类蛋白多糖水剂，或20%啶虫脒可湿性粉剂+5%菌毒清水剂叶面喷雾，也可有效降低该病发生。

104. 如何预防玉米粗缩病（坐地炮）的发生?

玉米粗缩病是一种毁灭性病害，不可治愈。玉米整个生育期都可感染发病，以苗期受害最重，5～6片叶即可显症，开始在心叶基部及中脉两侧产生透明的褪绿虚线条点，逐渐扩及整个叶片。病苗叶色浓绿，叶片僵直，宽短质硬，心叶不能正常展开，病株生长迟缓、矮化叶片背部叶脉上产生蜡白色隆起条纹，用手触摸，有明显的粗糙感，节间粗短，顶叶簇生状如君子兰。叶背、叶鞘及苞叶的叶脉上具有粗细不一的蜡白色条状突起，有明显的粗糙感。9～10 叶期，病株矮化现象更为明显，上部节间短缩粗肿，顶部叶片簇生，病株高度仅为健株高的 1/2 或 1/3，多数不能抽穗结实，果穗畸形，花丝极少，个别雄穗虽能抽出，但分枝极少，且肉质化没有花粉。病株根系少而短，易从土壤中拔出。见彩图 52－1 至彩图 52－6。

粗缩病毒在冬小麦及其他杂草寄主越冬，也可在传毒昆虫体内越冬，主要靠灰飞虱传毒。第二年玉米出土后，借传毒昆虫将病毒传染到玉米或高粱、谷子、杂草上，辗转传播危害。玉米 5 叶期以前易感病，10 叶期以后抗性增强，即便受侵染，发病也轻。玉米秸秆糖度高、叶色淡绿品种发病重；距离路边、树林、河边、山坡杂草近的地块发病重；杂草多的地块发病重。

防治方法：在玉米粗缩病的防治上，要坚持以农业防治为主、化学防治为辅的综合防治方针，其核心是控制毒源、减少虫源、避开危害。①选用抗病品种。尽管目前玉米生产中应用的主栽品种中缺少抗病性强的良种，但品种间感病程度仍存在一定差异。抗病性较强品种有先玉 335、登海 605、田丰 118、裕丰 303、明科玉 77 等。②清除路边、田间杂草。杂草是玉米粗缩病传毒介体灰飞虱的越冬越夏寄主。可用 20％敌草快水剂 130 克兑水 15 千克杀灭路边、地头杂草；玉米 5 叶 1 心前可用 10％硝磺草酮悬乳剂 100 克＋50％莠去津悬乳剂 100 克兑水 30 千克全田喷雾，5 叶 1 心后要定向喷雾，避免喷到玉米心叶里。③药剂拌种。使用 70％吡虫啉种衣剂或 70％噻虫嗪种衣剂拌种，具体方法为 10 克 70％ 吡虫啉种衣剂兑水 200 克，拌玉米种子 2.5 千克，可有效控制灰飞虱危害，从而降低粗缩病的发生。④喷药杀虫。玉米苗期出现粗缩病的地块，要及时拔除病株，并根据灰飞虱虫情及时用 10％吡虫啉可湿性粉剂 1 500 倍液，或 20％啶虫脒可湿性粉剂 2 000 倍液，同时配合 20％盐酸吗啉胍可湿性粉剂 500 倍液或 1.5％植病灵乳剂 1 000 倍液，每隔 5～7 天喷一次，连喷 2～3 次，可有效降低粗缩病发生。

105. 如何防治玉米细菌性顶腐病？

玉米细菌性顶腐病在抽雄前均可发生。典型症状为心叶呈灰绿色失水萎蔫枯死，形成枯心苗或丛生苗；叶基部腐烂，呈水渍状，腐烂处有恶臭味，有黄褐色黏液，臭味常常引诱许多苍蝇聚集；严重时用手能够拔出整个心叶，轻病株心叶扭曲不能展开。抽雄前发病，有时外层叶片坏死呈薄纸状，紧紧包裹内部叶片，心叶扭曲不能展开，顶部叶片卷缩成直立"长鞭状"，有的在形成鞭状时被其他叶片包裹不能伸展形成"弓状"，有的顶部几个叶片扭曲缠结不能伸展，缠结的叶片常呈"撕裂状""皱缩状"，外部包裹叶片腐烂变褐色，紧紧地包裹在植株顶部，以致雄穗不能抽出（彩图 53－1 至彩图 53－5）。

高温高湿有利于病害流行，害虫或其他原因造成的伤口利于病菌侵入。该病多出现在雨后或田间灌溉后，低洼或排水不畅，密度过大，通风不良，施用氮肥过多，病虫害严重地块发病较重。病菌在土壤病残体上越冬，第二年从植株的气孔或伤口侵入。

有些农户在防治钻蛀性害虫时，使用乐果、辛硫磷、高效氯氰菊酯等农药进行点心、灌心时，常常由于浓度过高引起玉米心叶腐烂，同时引起细菌等杂菌感染，导致误判，如彩图 53－7。该类药害田间症状表现具有均匀性发病，田间地头容易重喷重撒的地段发病相对较重，而病害具有点片发病、向四周扩散危害的特点。

防治方法：①心叶严重腐烂地块，要及时翻种其他作物；对玉米心叶已扭曲腐烂的较重病株，可用剪刀剪去包裹雄穗的叶片，以利于雄穗的正常吐穗（彩图 53－6），并将剪下的病叶带出田外深埋处理；严禁大水漫灌，低洼地块雨后要及时排水。②及时防治病虫害，苗期注意防治玉米螟、蓟马、瑞典蝇、棉铃虫等害虫以减少伤口；发病初期可喷洒 46％氢氧化铜水分散粒剂 1 500 倍液，或 50％氯溴异氰尿酸可溶性粉剂 1 000 倍液，或新植霉素 4 000 倍液进行防治。

106. 如何防治玉米茎基腐病？

玉米茎基腐病又称青枯病、茎腐病，是由多种病原菌单独或复合侵染造成根系和茎基部腐烂的一类病害，主要由腐霉菌和镰刀菌侵染引起，也可由细菌侵染引起。患病玉米茎基部皮层呈淡褐色、黑褐色或紫红色，绕茎基部一圈，失水干缩，且叶片变黄、萎蔫，剖开茎秆内髓变灰褐色，成乱麻状，果穗下垂，籽粒秕瘦容重低（彩图 54－1 至彩图 54－4）。

该病为典型的土传病害，病菌在病残体、土壤中存活越冬，成为来年主要侵染源。在田间可借风雨、灌溉水、机械和昆虫进行传播，可发生多次再侵染。连作年限越长，发病越重。一般早播和早熟品种发病重，坡岗地发病较轻，洼地和平地发病重。土壤肥沃、有机质丰富、排灌条件良好、玉米生长健壮的发病轻，而沙质瘠薄土壤或黏重土壤、排水条件差、玉米生长弱发病重。种植密度大及连作地块发病重。春玉米发病于 8 月中旬，夏玉米则发病于 9 月上、中旬。一般在玉米散粉期至乳熟初期遇大雨，雨后暴晴，气温回升快，发病较多。

防治方法：①种植抗病品种，如和玉 1 号、丹玉 405、登海 685、玉单 2 号、陕科 6 号、先玉 335、NK718 等。②加强栽培管理，合理施肥，合理密植，培育壮苗，降低田间湿度等措施可以减少发病。③合理轮作，深翻土壤，收获后及时清理病残体，可减少田间菌源。④发病初期可用氯溴异氰尿酸 2 000 倍液，加 30％甲霜·恶霉灵 1 000 倍液喷施基部 2～3 次。

107. 如何防治玉米纹枯病？

玉米纹枯病从苗期到穗期均可发病，多数由立枯丝核菌侵染引起，主要危害叶鞘，也可危害叶片、苞叶及果穗，严重时可侵害茎秆内部。发病初期在近地面的叶鞘上产生暗绿色水渍状斑点，逐渐扩大成椭圆形或不规则形病斑，成熟病斑中央为枯白色或灰褐色，边缘为暗褐色，数个病斑相连成云纹状大病斑，气候适合则逐渐向上向内侵染蔓延（彩图 55－1）。病斑可沿叶鞘侵染苞叶，继而危害籽粒和穗轴，引起穗腐（彩图 55－2）。也可通过叶鞘侵染茎秆，在茎秆表皮留下褐色或黑褐色不规则大型病斑（彩图 55－3）。多雨、高湿持续时间长时，病部长出稠密的白色菌丝体，菌丝进一步聚集成多个菌丝团，形成小菌核，初为白色，后变成黑褐色（彩图 55－4）。

该病菌喜高温高湿，在20～30 ℃，相对湿度90%以上易流行，因此一般七八月雨水多的年份发病重。连作田、涝洼地、播种过密、施氮过多地块易发病。主要发病期在玉米性器官形成至灌浆充实期，苗期和生长后期发病较轻。

防治方法：①玉米收获后及时清除病残体，并深耕整地以减少田间菌源。发病初期结合其他农事操作摘除植株下部病叶和叶鞘，可减少病菌再侵染的机会。②选用抗（耐）病的品种，实行轮作，合理密植，注意开沟排水降低湿度。③药剂防治。每100千克种子可用2%戊唑醇湿拌种剂2～3克拌种，或2.5%咯菌腈悬浮种衣剂5～7.5毫升浸种。发病初期在茎基叶鞘上喷洒5%井冈霉素水剂1 000倍液，或25%苯醚甲环唑乳油1 500倍液，或25%丙环唑乳油3 000倍液，或50%农利灵可湿性粉剂1 000倍液喷雾。

108. 如何防治玉米南方锈病?

玉米南方锈病于2021年9月中旬至10月初在黄淮海、京津唐大暴发，导致玉米叶片干枯，粒重下降，籽粒秕瘦，品质和产量下降。

该病可侵染叶片、叶鞘，严重发生时也可侵染苞叶（视频21）。病原菌最初侵染是在叶片上形成褪绿小斑点，很快发展为黄褐色突起的疱斑，即病原菌夏孢子堆。夏孢子堆圆形、卵圆形，比普通锈病的夏孢子堆更小，色泽较淡。孢子堆开裂后散出金黄色至黄褐色的夏孢子，覆盖夏孢子堆的表皮开裂缓慢而不明显。严重时全株布满夏孢子堆。在抗性品种上夏孢子堆很小或没有，只形成褪绿斑（彩图56-1至彩图56-3）。

视频21
玉米南方锈病

玉米南方锈菌是专性寄生菌，只能寄生在玉米活的组织上，不能脱离寄主植物长期存活。因此，病原菌是在南方越冬后随气流远距离传播危害。高温（26～32 ℃）、多雨、高湿的气候条件适于南方锈病发生。

防治方法：南方高湿地区，应选择抗病品种，如彩图56-4。发病初期，可用25%三唑酮可湿性粉剂1 000倍液，或12.5%烯唑醇可湿性粉剂 4 000 倍液，或 25%丙环唑乳油 3 000 倍液，或 30%苯醚甲环唑·丙环唑乳油 3 000 倍液喷雾防治。

109. 如何防治玉米细菌性叶斑病?

玉米植株感染细菌性叶斑病时，先从基部或在雌穗上下叶片出现水渍状暗绿色（似开水烫过）病斑，后转为枯白色，病斑呈椭圆形、细长条形或不规则形，逐渐扩大并相连成为 10～20 厘米、受叶脉限制的长条斑，或多个病斑汇合成不规则大斑（彩图 57－1）。严重时病斑可延至叶鞘，湿度大时叶鞘内有黏度菌胶。

病原细菌在种子、土壤或病残体上越冬，第二年借风雨、昆虫或人工田间操作传播，从玉米植株伤口或气孔侵入致病。高温高湿、地势低洼排水不良、密度过大、土壤板结、虫害严重的地块发病重。

防治方法：以农业防治为主，化学防治为辅的综合防治措施。①选用抗病品种。②加强田间管理，合理密植，平衡施肥，及时排出田间积水，中耕松土排湿，收获后及时清除田间病残体。③药剂防治。在发病初期，用 47%春雷霉素·氧氯化铜可湿性粉剂 1 000 倍液，或 77%氢氧化铜可湿性粉剂 800 倍液，或 50%氯溴异氰尿酸可湿性粉剂 1 000 倍液均匀喷雾，间隔 7～10 天喷雾一次，连喷 2～3 次。

110. 如何防治玉米大斑病?

玉米大斑病主要危害玉米的叶片、叶鞘和苞叶（视频 22）。叶片染病先出现水渍状青灰色斑点，然后沿叶脉向两端扩展，形成边缘暗褐色、中央淡褐色或青灰色的长梭形大型病斑。病斑长 5～10 厘米、宽 1 厘米左右，有的更大，后期病斑常纵裂。严重时病斑融合，叶片变黄枯死。潮湿时病斑上有大量灰黑色霉层（彩图 58－1 至彩图 58－4）。在一些高抗品种的叶片上，常形成长窄梭形褐色病斑（彩图 58－5）。

视频 22
玉米大斑病

病原菌为大斑凸脐蠕孢，属半知菌亚门真菌。病原菌以休眠菌丝体或分生孢子在病残组织内越冬，成为第二年初侵染源。玉米孕穗、出穗期间氮肥不足发病较重。低洼地、密度过高、连作地易发病。冀东地区以8月中下旬、9月多雨月份发病相对较重。

防治方法：应以种植抗病品种为主，加强农业防治，辅以必要的化学防治。①选用抗病品种。根据当地优势小种选择抗病品种，为防止其他小种的变异和扩散，应选用不同抗性品种及兼抗品种，如郑单958、伟科702、迪卡516、丹玉405等抗病性强的品种。②药剂防治。可在发病初期，可用50%多菌灵可湿性粉剂500倍液，或75%百菌清可湿性粉剂500倍液，或50%异菌脲可湿性粉剂1 000～1 500倍液，或10%苯醚甲环唑水分散粒剂3 000倍液，或25%丙环唑乳油1 000～1 500倍液，或25%咪鲜胺乳油500～1 000倍液，或50%腐霉利可湿性粉剂1 000倍液喷雾防治，隔7～10天喷一次，连防2～3次。

111. 如何防治玉米小斑病？

玉米小斑病由半知菌亚门玉蜀黍离蠕孢菌侵染所引起的一种真菌病害（视频23）。小斑病不仅危害叶片、苞叶和叶鞘，对雌穗和茎秆的致病力也比大斑病强，可造成果穗腐烂和茎秆断折（彩图59-1）。初侵染病斑为水渍状半透明的小斑点，成熟病斑有3种类型：①梭形病斑。一般病斑相对较小，大小为（0.6～1.2）毫米×（0.6～1.8）毫米，梭形或椭圆形，病斑褐色或黄褐色，如彩图59-2、彩图59-3。②条形病斑。病斑受叶脉限制，两端呈弧形，病斑黄褐色或灰褐色，边缘深褐色，大小（2～6）毫米×（3～24）毫米，湿度大时病斑上有灰黑色霉层，病斑上有时出现轮纹（彩图59-4）。③点状病斑。病斑为点状、黄褐色，边缘紫褐色或深褐色，周围有褪绿晕圈，点状病斑一般产生在抗性品种上（彩图59-5）。小斑病发病时间，比大斑病早。玉米小斑病的初侵染菌源主要是上年收获后遗落在田间或玉米秸秆堆中的病残株。冀东地区每年的七八月正处于高温多雨季节，玉米正处于孕穗抽雄期，秸秆高，田间郁闭湿度较大，叶面容易形成水膜，极易造成小斑病的流行。在田间，最初在植株下部叶片发病，向周围植

视频23
玉米小斑病

株传播扩散（水平扩展），病株率达一定数量后，向植株上部叶片扩展（垂直扩展）。

防治方法：①选用抗病品种。为防止其他小种的变异和扩散，应选用不同抗性品种及兼抗品种。如郑单 958、陕科 6 号、伟科 702、登海 685、玉单 2 号等抗病性强的品种。②药剂防治。发病初期，可用 75%百菌清可湿性粉剂 800 倍液，或 25%丙环唑乳油 1 500 倍液，或 25%咪鲜胺乳油 1 000 倍液，或 25%异菌脲悬浮剂 800 倍液，或 70%甲基硫菌灵可湿性粉剂 600 倍液、或 25%苯菌灵乳油 800 倍液、或 50%多菌灵可湿性粉剂 600 倍液，或 50%腐霉利可湿性粉剂 800～1 000 倍液喷雾防治，间隔 7～10 天一次，连防 2～3 次。

112. 如何防治玉米灰斑病？

玉米灰斑病又称尾孢叶斑病、玉米霉斑病，病原菌为半知菌亚门玉蜀黍尾孢菌，主要危害叶片，也可侵染叶鞘和苞叶（视频 24）。发病初期在叶面上形成无明显边缘的椭圆形至矩圆形、灰色至浅褐色病斑，后期转为褐色。成熟病斑为灰褐色或黄褐色，病斑多限于平行叶脉之间，呈长方形，两端较平，这是区别其他叶斑病的重要特征（彩图 60－1、彩图 60－2）。条斑形小斑病病斑两端多为弧形（彩图 60－3）。病斑可相互汇合连片，造成叶片干枯。湿度大时，病斑可生出灰色霉状物，背面尤为明显。

视频 24
玉米灰斑病

病原菌在 20～25 ℃、相对湿度达到 90%以上时，在叶面上形成水滴或水膜，产生分生孢子随气流和雨滴飞溅进行重复侵染，不断扩展蔓延。病菌多在抽雄期玉米下部叶片开始发病，因此在 8 月中下旬至 9 月上旬降雨多、湿度大的年份易发病，个别地块可致大量叶片干枯。品种间抗病性差异大。

防治方法：①进行轮作套种，种植抗病品种。②收获后及时清除病残体，并深翻整地，减少病菌越冬基数。③雨后及时排水，防止湿气滞留。④发病初期可喷洒百菌清、多菌灵、苯醚甲环唑等杀菌剂，注意轮换用药，间隔 7～10 天喷 1 次，连喷 2～3 次。

113. 如何防治玉米弯孢霉叶斑病？

玉米弯孢霉叶斑病病菌为半知菌亚门真菌，主要危害叶片、叶鞘和苞叶（视频 25）。初为不规则褪绿病斑，逐渐扩展为圆形至椭圆形、褪绿半透明或透明小斑点，根据品种不同也可形成梭形或长条形。病斑中间灰白色至黄褐色，边缘有红褐色，外围是较宽的浅黄色晕圈。病斑较小一般直径为 1～2 毫米圆斑点，大的可达（4～5）毫米×（5～7）毫米。感病品种多个病斑相连，呈片状坏死，严重时整个叶片枯死。在潮湿条件下，病斑两面均可产生灰黑色霉层，叶背面尤其明显（彩图 61－1 至彩图 61－3）。该病叶斑形态与北方炭疽病相似，应注意区分。

视频 25
玉米弯孢霉
叶斑病

病菌在秸秆垛中或散布在地表的病残体上越冬，该病属高温高湿型病害，冀东地区 7～8 月为高温多雨季节，利于其发生和流行。

防治方法：①种植抗病品种，如伟科 702、迪卡 517、强硕 68、登海 685 等。近年来唐山地区浚单 20、纪元 128、京单 68 感病较重，因此发病严重地区，尽量避免种植。②药剂防治。可用 10％苯醚甲环唑水分散粒剂 1 500 倍液，70％甲基硫菌灵可湿性粉剂 600 倍液，或 40％氟硅唑乳油 8 000～10 000 倍液，或 50％异菌脲可湿性粉剂 1 000～1 500 倍液均匀喷雾，每隔 7～10 天 1 次，共2～3 次。

114. 如何防治玉米北方炭疽病？

北方炭疽病又名眼斑病，病原菌为半知菌亚门玉蜀黍球梗孢菌。一般在 7～9 月气温不高，降雨多的冷凉高湿条件下该病容易发生。该病常与弯孢霉叶斑病混合发生，两者病斑相似，容易混淆。北方炭疽病自玉米苗期到成株期均可发病，后期染病多发于中上部叶片、叶鞘和苞叶。

发病初期为水渍状圆形褪绿小斑，后扩展为圆形、卵形、椭圆形、矩圆形病斑，病斑中心乳白色至茶褐色，四周有褐色至紫色的环，紫环外周有狭窄的鲜黄色晕圈，与鸟眼形态相似，故称眼斑病。

条件适宜时病斑汇合成片，使叶片局部或全部枯死。生于叶片背面中脉上的病斑矩圆形，褐色，多个病斑汇合后，中脉变黑褐色，而病斑正面中脉呈淡褐色（彩图 62－1）。抗病品种叶片上的病斑仅为褐色小点。北方炭疽病病原菌可侵染叶片中脉，这也是与弯孢霉叶斑病的区别之处。

防治方法参照“113. 如何防治玉米弯孢霉叶斑病?”。

115. 如何防治玉米褐斑病?

玉米褐斑病病原菌为鞭毛菌亚门玉蜀黍节壶菌，主要危害果穗以下叶片，同时也可危害叶鞘和茎秆，叶片与叶鞘相连部位容易感病（视频 26）。叶片、叶鞘染病后病斑圆形至椭圆形，褐色或红褐色常密集成行。病斑初为水渍状，后转成褐色、红褐色至紫褐色。病斑四周的叶肉常呈粉红色，后期病斑表皮易破裂，散出黄褐色粉末（彩图 63－1、彩图 63－2）。叶鞘严重受害时的茎节，常在感染中心折断。病菌以休眠孢子囊在病残体上或土壤中越冬，来年玉米生长期产生分生孢子随风雨传播到叶片上危害。7～9 月气温高、湿度大、长时间降雨，密度大、低洼潮湿田块发病重。

视频 26
玉米褐斑病

防治方法参照“110. 如何防治玉米大斑病?”

北方炭疽病、弯孢霉叶斑病、褐斑病 3 种病害容易混淆，主要区别：北方炭疽病和褐斑病可侵染中脉，褐斑病病斑破裂后变红褐色或紫褐色，北方炭疽病病斑呈鸟眼状，弯孢霉叶斑病主要发生在玉米生长中后期，初期病斑为不规则形褪绿斑（彩图 63－3 至彩图 63－5）。

116. 如何防治玉米丝黑穗病?

玉米丝黑穗病与玉米瘤黑粉病常被农民朋友称为乌米、人头，病原菌为担子菌亚门玉米丝轴黑粉菌，主要侵害玉米雌穗和雄穗。典型症状一般在出穗后显现，但有些品种在 5 叶期前表现为病株矮小弯曲，叶色暗绿，叶片簇生、叶片出现黄白色纵向条纹；有的品种分蘖异常增多，果穗增加，每个叶腋都长出黑穗。苗期症状多变而不稳定，因品种、病菌、环境条件不同而发生变化。雄穗染病后全部或部分小花变为黑粉包或畸形生长。雌穗染病较健穗短，下部膨大，顶部较尖，整个果穗变成一团黑褐色粉末和很多散乱的黑色丝状物，为玉米维管束组织（彩图64-1）。有的果穗小，花过度生长呈肉质根状，似刺猬头。

病原菌以冬孢子在土壤、粪肥、病残体或种子上越冬，成为来年初侵染源。玉米播后发芽时，越冬的孢子也开始发芽，从玉米种子萌发至7叶期都可侵入，到9叶期不再侵入，侵染高峰在玉米3叶期前。地温16～25℃、土壤含水量12%～29%时，最适宜病菌侵染危害。

玉米连作时间长及播种早的玉米发病较重；高寒冷凉地块易发病；坡地、山地或较干旱的田块发病重。水浇地发病相对较轻，夏玉米比春玉米发病轻。

防治方法：①种植抗病品种。栽培抗病玉米杂交种是防治玉米丝黑穗病的根本措施，冀东各地的主要抗病品种有联创808、和玉1号、裕丰303、明科玉77、迪卡516、沃玉3号、丹玉405等品种。②药剂拌种。可用杀菌型专用种衣剂拌种，也可用2%戊唑醇可湿性粉剂以种子重量的0.2%进行拌种；或2.5%咯菌腈悬乳种衣剂1∶500进行拌种；或12.5%烯唑醇可湿性粉剂60～80克拌种100千克，都可以有效预防玉米丝黑穗病的侵染。

117. 如何防治玉米瘤黑粉病？

玉米瘤黑粉病病原菌为担子菌亚门玉蜀黍黑粉菌，主要危害玉米气生根、茎、叶、叶鞘、腋芽、雄穗和果穗等部位幼嫩组织，产生大小形状不同的病瘤（视频27）。植株地上幼嫩组织和器官均可发病，病部的典型特征是产生肿瘤。病瘤近球形、椭球形、角形或不规则形，有的单生、串生或叠生（彩图65-1至彩图65-8）。病瘤初呈银白色或浅绿色，有光泽，内部白色，肉质多汁，并迅速膨大，后逐渐变灰黑色，有时略带紫红色，内部则变灰色至黑色，失水后当外膜破裂时，散出

视频27
玉米瘤黑粉病

大量黑粉，即病菌的冬孢子（彩图 65－9)。叶片上肿瘤多分布在叶片基部的中脉两侧，及相连的叶鞘上，病瘤常为黄、红、紫、灰杂色疮痂病斑，成串密生或呈粗糙的皱褶状，瘤小且多，呈泡状。茎上病瘤常常由各节基部生出，大部分为腋芽受侵染引起。雄穗抽出后，部分小穗感染长出长囊状或角状的小瘤，常几个聚集成堆，有的在雄穗轴上，病瘤常生于一侧，似长蛇状。果穗受害多在上半部或个别籽粒生长病瘤，病瘤一般比较大，或多个病瘤聚集一起呈花状，常突破苞叶外露。

玉米瘤黑粉病是一种局部侵染的病害，病原菌可以在玉米生育期的各个阶段侵染植株所有地上部的幼嫩组织。病原菌主要以冬孢子在土壤中、病残体、未腐熟的粪肥或种子上越冬，成为第二年的侵染菌源。越冬后的冬孢子，主要从玉米幼嫩组织和伤口侵入，例如掐除拧心的夏玉米，该病极容易发生。瘤黑粉病菌可随气流和雨水分散传播，也能被昆虫携带进行传播。

该病在玉米抽雄开花期发病重，晚春播、夏玉米发病重；遇小雨、多雾、多露天气发病重；生长前期干旱，后期多雨高湿，或干湿交替，易于发病；玉米螟、高粱条螟等钻蛀害虫既可以传带病原菌，又造成伤口，因而虫害严重的田块发病重；遭受暴风雨或冰雹袭击后，植株伤口增多的地块发病重；病田连作，密植地块，偏施氮肥的田块，通风透光不良，玉米组织柔嫩，发病重。

防治方法：采取以种植抗病品种和减少菌源的农业防治为主，以药剂拌种、治虫防病的化学防治为辅的综合措施。①种植抗病品种。当前生产上较抗病的杂交种有郑单 958、先玉 335、华春 1 号、迪卡 516、登海 605 等。②药剂防治。对带菌种子，可用杀菌型专用种衣剂拌种，也可用 2%戊唑醇湿拌种剂 10 克，兑少量水成糊状，拌玉米种子 3～3.5 千克；或 3%苯醚甲环唑悬浮种衣剂 6～9 毫升拌种 100 千克。也可以在玉米抽雄前用咪鲜胺、烯唑醇、丙环唑、三唑酮、氟菌唑、苯醚甲环唑等药剂喷雾，可有效预防瘤黑粉病的发生。有些农药厂家为了推销农药，宣传有些种衣剂可以预防瘤黑粉病，实践证明种衣剂的防治效果并不明显，只能杀死种子表面病菌。

118. 如何防治玉米穗腐病?

玉米穗腐病在各玉米产区都有发生，减产较严重，由多种病原菌单独或复合侵染引起果穗或籽粒霉烂（视频28）。主要表现为整个或部分果穗或个别籽粒腐烂受害，被害果穗部位发生变色，并出现红色、蓝绿色、白色、粉红色、黑灰色或暗褐色、黄褐色等颜色霉层（彩图66-1至彩图66-6）。病粒无光泽，不饱满，质脆，内部空虚，常为交织的菌丝所充塞。有些品种穗腐病的发生常伴随穗萌现象发生，即玉米籽粒发芽。果穗病部苞叶有云纹状水渍病斑，病斑上有各种颜色霉层，苞叶常被密集的菌丝贯穿，黏结在一起贴于果穗上，不易剥离。严重时穗轴或整穗腐烂，霉层贯穿覆盖。

视频28
玉米穗腐病

病菌在种子、病残体上越冬，为初侵染病源。病菌主要从伤口侵入，分生孢子借风雨传播。玉米吐丝期至成熟期高温多雨以及玉米虫害发生偏重的年份，发病较重。平地、洼地、黏土地发病重，山地、坡岗地、壤土地发病轻；果穗苞叶长，苞叶紧，玉米穗顶端不外露品种发病较轻；硬粒型玉米较粉质型玉米发病轻。

防治方法：①种植抗病品种。不同玉米品种对穗腐病的抗病性差异较大，目前生产上联创808、迪卡516、登海685、和玉2号、纪元系列等品种发病较轻。②药剂防治。播前可用杀菌型专用种衣剂拌种，也可用2.5%咯菌腈种衣剂拌种；玉米灌浆初期，可喷洒20%氯虫苯甲酰胺悬浮剂3 000倍液+80%多菌灵可湿性粉剂600倍液进行防控。

119. 如何预防玉米矮化病的发生?

玉米矮化病由矮化线虫引起，在玉米三叶一心时即可表现症状，该病典型症状为叶片上沿叶脉方向有黄色褪绿或白色失绿纵向条纹（彩图67-1、彩图67-2）；剥开植株基部2～3片叶的叶鞘，大部分植株基部组织可见明显的纵向或横向黑褐色坏死开裂，开裂部位坏死组织似“虫道”状，剖秆后观察开裂部撕裂组织呈明显的对合状，经仔细检查，在坏死组织及周围没有害虫危害痕迹（彩图 67－3 至彩图 67－7）；有的植株矮缩，节间变短密集，下部茎节粗大，顶部叶片撕裂丛生；有的植株顶端叶片呈撕裂状，顶端边缘生长受到严重抑制，叶片发育不全，呈钝圆状；少数玉米苗新叶顶端发生腐烂；根系不发达，新生气生根扭曲变形（彩图 67－8 至彩图 67－11）。

防治方法：①种植抗病品种，如先玉 335、农大 372、郑单 958 等品种，避免种植和玉 1 号、登海 605 等感病品种。②用 2%丙硫克百威或 6%丁硫克百威种衣剂进行拌种，可有效预防玉米矮化病的发生。发病初期用 2%阿维菌素乳油 1 000 倍液或 48%毒死蜱乳油 1 000 倍液灌根，可以减轻该病的发生程度。

120. 如何防治蓟马？

危害玉米的是玉米黄呆蓟马，体小，体长约 1～1.2 毫米，暗黄色，以锉吸式口器吸食玉米叶片汁液。

危害症状：心叶扭曲，叶破损皱缩，叶正面有透明的薄膜状物（彩图 68－1），一些心叶内有黏液，还有个别的心叶已经断掉。有些玉米叶片有银白色斑点，甚至形成白条斑、花叶苗（彩图 68－2），易与缺锌症、遗传性条斑混淆；或者叶片畸形、破裂不能展开，扭成“牛尾巴”状（彩图 68－3、彩图 68－4），分蘖丛生，形成多头苗（彩图 68－5）；或心叶卷曲时间过长而腐烂，或引起茎扭曲畸形（彩图 68－6 至彩图 68－8）。在春季，黄呆蓟马先在小麦、杂草上繁殖危害，其后一部分逐渐向春玉米上转移。丰润北部山区虫源主要来自杂草、树林；南部地区由于小麦面积较大，是春玉米和夏玉米的主要虫源来源。叶色淡绿品种发病重；距离路边、树林、河边、山坡杂草近的地块发病重；杂草多的地块发病重。

防治方法：①种植抗虫品种。所有玉米品种都受玉米蓟马危害，但有轻有重，强硕 68、沃玉 3 号、先玉 335 等品种受害相对较轻，沈玉 21、和玉 1 号、嘉丰 10 号、郑单 14、隆迪 401 受害较重。②拌种。可用 70%吡虫啉种衣剂、70%噻虫嗪种衣剂拌种，可有效控制蓟马危害。③清除田间地头杂草，减少蓟马寄主，降低虫源。④根据蓟马危害规律，在蓟马发生前喷洒 10%吡虫啉可湿性粉剂 1 500 倍液，或20%啶虫脒乳油2 000倍液进行预防；也可在蓟马发生时喷洒上述药剂，并加入芸薹素内酯等调节剂促进植株生长。如发生牛尾巴苗，可掐除拧心部分，注意不要伤及生长点；发生多头苗可掰除多余分蘖，并及时喷洒药剂防治。如心叶腐烂或苗严重畸形可拔除或毁种。

121. 如何防治蚜虫?

蚜虫属同翅目蚜科，俗名腻虫。有翅孤雌蚜体长1.6～1.8毫米，头胸部黑色，腹部深绿色或黄红色，触角6节，长度约为体长1/2。无翅孤雌蚜体长1.8～2.2毫米，卵形，深绿色，披薄白粉。见视频29。

视频29
玉米蚜虫

成、若蚜刺吸玉米组织汁液，导致叶片变黄或发红，生长发育受到抑制，严重时玉米植株枯死。玉米蚜多群集在玉米植株上部心叶、雄穗花枝、雌穗花丝等部位，刺吸玉米的汁液，同时分泌蜜露，产生黑色霉状物，常使叶面生霉变黑，影响光合作用，降低粒重。被害严重的植株果穗瘦小，籽粒不饱满，秃尖较长（彩图69-1至彩图69-4）。丰润姜家营村一农户播种玉米时，有两垄没有施肥，玉米虽能正常生长，但叶色黄绿。因蚜虫具有趋黄性，因此玉米生长后期植株上繁殖了大量蚜虫，吸食植株养分，分泌蜜露影响叶片光合作用，导致玉米不能正常抽穗结实，形成空秆。

蚜虫还可以传播玉米矮花叶病毒和红叶病毒，引起病毒病造成更大的减产。玉米蚜虫寄主主要有玉米、高粱、小麦、狗尾草等。杂草危害较重的田块，玉米蚜危害也重。

防治方法：①及时清除田间地头杂草，消灭玉米蚜的滋生地。②拌种。可用70%吡虫啉或噻虫嗪种衣剂拌种。③喷雾防治。可用25%吡蚜酮可湿性粉剂3 000倍液，或25%噻虫嗪水分散粒剂6 000倍液，或10%吡虫啉可湿性粉剂1 500倍液，或20%啶虫脒可湿性粉剂2 000倍液均匀喷雾。

122. 如何防治红蜘蛛?

红蜘蛛学名玉米叶螨，属蛛形纲真螨目叶螨科，危害玉米的主要有截形叶螨、二斑叶螨和朱砂叶螨三种。一般体长 0.2～0.6 毫米，椭圆形，多为深红色至紫红色，也有黄绿色或褐绿色的。

红蜘蛛一年发生多代，以成螨、若螨聚集叶背取食危害，刺吸玉米叶片组织汁液。红蜘蛛先危害下部叶片，逐渐向上部叶片转移。被害处先呈现失绿沙粒状斑点，以后逐渐退绿变黄，严重发生时，叶片完全变黄白色或红褐色干枯，俗称“火烧叶”（彩图 70－1 至彩图 70－3）。后期危害导致籽粒秕瘦，粒重下降，造成减产。

红蜘蛛以雌成螨在杂草根际、枯枝落叶和土缝中越冬，翌春气温达 10 ℃以上时，越冬成螨开始大量繁殖，6 月上中旬开始迁入夏玉米上危害，7～8 月为猖獗危害期，通过吐丝垂飘在株间水平扩散。红蜘蛛喜高温低湿的环境条件，干旱少雨发生较重，降雨可抑制其繁衍危害。

防治方法：①农业防治。及时清除田间地头的杂草，减少虫源；遇旱灌水，增加田间湿度。②药剂防治。由于玉米植株较高，喷洒农药不方便，因此选用药剂应长效与速效相结合，根据红蜘蛛发生规律应重点喷洒下部叶片，可选用 24％螺螨酯 4 000 倍液＋15％哒螨灵乳油 2 000 倍液，或 24％螺螨酯 4 000 倍液＋2.0％阿维菌素乳油 3 000 倍，或 25％三唑锡可湿性粉剂 1 000 倍液＋50％四螨嗪悬浮剂 4 000 倍液，或 20％甲氰菊酯乳油 1 000 倍液＋50％四螨嗪悬浮剂 4 000 倍液等药剂喷雾，均可达到理想的防治效果。

123. 如何防治大青叶蝉？

大青叶蝉属同翅目叶蝉科，体长约 7～11 毫米，雄虫比雌虫略小，青绿色。前翅革质，绿色微带青蓝色，端部色淡近半透明；前翅反面、后翅和腹背均黑色，腹部两侧和腹面橙黄色。若虫与成虫相似，共 5 龄，初龄灰白色，2 龄淡灰色微带黄绿色，3、4、5 龄灰黄绿色，老熟时体长 6～8 毫米。在各地广泛分布，最多可年生 5 代。

大青叶蝉成虫或若虫在玉米茎或叶上吸食危害，一般从下部叶片逐渐向上部叶片蔓延，叶片受害后出现针状白斑（彩图 71－1），严重时，玉米叶片发黄卷曲，甚至枯死。

防治方法：①及时清除田间地头杂草，消灭大青叶蝉中间寄主，减少越冬虫源数量。②可用10%吡虫啉可湿性粉剂1 000倍液，或20%噻嗪酮可湿性粉剂1 000倍液，或2.5%功夫菊酯乳油2 000倍液喷雾防治。

124. 如何防治赤须盲蝽？

赤须盲蝽又称赤须蝽，属半翅目盲蝽科，有成虫、若虫和卵3种虫态，成虫、若虫均为危害虫态。触角四节，等于或短于体长，红色，故称赤须盲蝽。赤须盲蝽成虫身体细长，长5～6毫米，鲜绿色或浅绿色；头部略成三角形，顶端向前方突出，头顶中央有一纵沟；前翅略长于腹部末端，革区绿色，膜区白色，半透明；后翅白色透明。

北方地区一年发生3代，以卵越冬，寄主杂，危害多种禾本科杂草及农作物。成虫白天活跃，傍晚和清晨不经常活动，阴雨天隐蔽在植物中下部叶片背面。

赤须盲蝽成虫、若虫在玉米叶片上刺吸汁液，进入穗期还危害玉米雄穗和花丝。被害叶片初呈淡黄色小点，后为白色小斑点，严重时这些小斑点相连，呈白色短线布满叶片，叶片呈现失水状，且从顶端逐渐向内纵卷（彩图72-1）。

防治方法：可用2.5%高效氯氟氰菊酯乳油1 500倍液，或20%啶虫脒乳油2 000倍液，或10%吡虫啉可湿性粉剂1 000倍液喷雾防治。

125. 怎样识别与防控草地贪夜蛾？

(1) 形态特征 ①卵的特征。卵呈圆顶状半球形，直径约为4毫米，高约3毫米，卵块聚产在叶片表面，每卵块含卵100～300粒。卵块表面有雌虫腹部灰色绒毛状的分泌物覆盖形成的带状保护层（彩图73-1、彩图73-2）。②幼虫标志性特征。草地贪夜蛾幼虫具备两个主要辨识特征：黑色或橙色头部具黄白色倒Y形斑，腹部末节有呈正方形排列的4个黑斑（彩图73-3至彩图73-5）。身体多为绿色，体表有许多纵行条纹。有假死性，受惊动后蜷缩成C形。幼虫期的持续时间在夏季期间约14天，在凉爽天气期间约30天。③茧蛹标志性特征。幼虫于土壤深处化蛹，深度为2～8厘米。幼虫构造出松散的茧，形状为椭圆形或卵形。蛹为红棕色，有光泽，长度为14～18毫米，宽度约为4.5毫米（彩图73-6、彩图73-7）。④成虫标志性特征。成虫粗壮，灰棕色，翅展宽度32～40毫米，其中前翅为棕灰色，后翅为白色。两性异形，雄虫前翅外缘端角有一个明显的白斑（彩图73-8），这是雄成虫主要辨识特征。雌虫的前翅没有明显的标记，后翅具有彩虹的银白色（彩图73-9）。成虫是夜间活动，在温暖潮湿的夜晚最活跃。

（2）危害性 一是特别能吃。幼虫的食性广泛，可取食超过350种植物，喜食禾本科作物，尤其喜食玉米、水稻。草地贪夜蛾的成虫则以多种植物的花蜜为食，幼虫有同类相食的习性。二是特别能飞。成虫可长距离的飞行，迁徙的速度非常迅速，成虫一晚借助气流可飞行长达100公里。三是超能生。一头成虫每次可产卵100～200粒，一生可产卵900～1 000粒。四是天敌少。目前发现的天敌种类很少，我国仅发现几种天敌昆虫。

（3）危害玉米症状 在玉米上，1～3龄幼虫多隐藏在叶片背面取食，取食后形成半透明薄膜"窗孔"（彩图73-10）。低龄幼虫还会吐丝，借助风扩散转移到周边的植株上继续危害。4～6龄幼虫取食叶片后形成不规则的长形孔洞，也可将整株玉米的叶片吃光，严重时可造成生长点死亡（彩图73-11），影响叶片和果穗的正常发育。此外，高龄幼虫还会蛀食玉米雄穗和果穗。

（4）防控 ①全面监测预报。②实施分区联防。加强西南华南周年繁殖区、江南江淮迁飞过渡区、黄淮海及北方重点防范区的监测与防控，重点保护玉米生产，降低危害损失率。③优化关键技术措施。a）理化诱控。在成虫发生高峰期，采取高空诱虫灯、性诱捕器及食物诱杀等理化诱控措施，诱杀成虫，压低发生基数，减轻危害损失。b）生物防治。采用白僵菌、绿僵菌、核型多角体病毒（NPV）、苏云金杆菌（Bt）等生物制剂早期预防幼虫，保护利用夜蛾黑卵蜂、螟黄赤眼蜂、蠋蝽等天敌，防控草地贪夜蛾。c）科学用药。推广应用乙基多杀菌素、茚虫威、甲维盐、虱螨脲、虫螨腈、氯虫苯甲酰胺等高效低风险农药，注重农药的交替使用、轮换使用、安全使用，以延缓抗药性产生、提高防控效果。

126. 怎样识别与防控黏虫?

黏虫是鳞翅目夜蛾科害虫，又名行军虫、剃枝虫、五色虫，是跨区域迁飞的重大害虫。

(1) 形态特征 老熟幼虫体长36～40毫米（彩图74-1），头顶有八字形黑纹，头部褐色、黄褐色至红褐色，2～3龄幼虫黄褐色至灰褐色，或带暗红色，4龄以上的幼虫多是黑色或灰黑色（体色常因食料和环境不同而有变化）。

(2) 危害症状 黏虫是杂食性害虫，喜食禾本科植物，主要以幼虫咬食叶片。1～2龄幼虫取食叶片造成孔洞，3龄以上幼虫危害叶片后呈现不规则的缺刻。大发生时将玉米叶片吃光，只剩叶脉，造成严重减产，甚至绝收（彩图74-2、彩图74-3）。

(3) 发生规律 黏虫是一种远距离迁飞性害虫，每年春季由南方迁飞到北方，秋季随着气温下降，北方地区发生的黏虫随高空气流回迁南方越冬。成虫昼伏夜出，喜产卵于玉米田禾本科杂草、麦子枯黄叶尖或叶鞘。幼虫畏光多在夜间活动取食，3龄后的幼虫有假死习性。黏虫对温湿度要求比较严格，雨水多的年份黏虫往往大发生。

(4) 防治方法 ①消灭田边、沟渠边和田间禾本科杂草。②利用成虫趋光、趋化性，采用糖醋液、性诱捕器、杀虫灯等防控技术诱杀成虫，以减少成虫产卵量，降低田间虫口密度。③幼虫药剂防治可参照草地贪夜蛾防控用药。

127. 如何防治二点委夜蛾?

二点委夜蛾鳞翅目夜蛾科害虫，主要以幼虫危害苗期玉米。老熟幼虫体长14～18毫米，最长达20毫米，黄黑色至黑褐色；头部褐色，腹部背面有两条褐色背侧线，到胸节消失，各体节背面前缘具有一个倒三角形的深褐色斑纹，体表光滑。有假死性，受惊后蜷缩成C形。

幼虫主要从玉米幼苗茎基部钻蛀到茎心后向上取食，形成圆形或椭圆形孔洞，钻蛀较深切断生长点时，心叶失水萎蔫，形成枯心苗；严重时直接蛀断，整株死亡；或取食玉米气生根系，造成玉米苗倾斜或侧倒（彩图75-1至彩图75-3）。

幼虫在6月下旬至7月上旬危害夏玉米。一般顺垄危害，有转株危害习性；有群居性，多头幼虫常聚集在同一植株危害，可达8～10头；白天喜欢躲在玉米幼苗周围的碎麦秸下或在2厘米左右的土缝内危害玉米苗；麦秆较厚的玉米田发生较重。危害寄主除玉米外，也危害大豆、花生，还取食麦秸和麦糠下萌发的小麦籽粒和自生苗。

防治措施：

（1）农业防治 ①麦收后播前使用灭茬机或浅旋耕灭茬后再播种玉米，可有效减轻二点委夜蛾危害，也可提高玉米的播种质量，苗齐苗壮。②及时人工除草和化学除草，清除麦茬和麦秆残留物，减少害虫滋生环境条件；提高播种质量，培育壮苗，提高抗病虫能力。

（2）化学防治 幼虫3龄前防治，最佳时期为出苗前（播种前后均可）。①撒毒饵。亩用4～5千克炒香的麦麸或粉碎后炒香的棉籽饼，与兑少量水的90%晶体敌百虫或48%毒死蜱乳油500克拌成毒饵，在傍晚顺垄撒在玉米苗边。②撒毒土。亩用80%敌敌畏乳油300～500毫升拌25千克细土，早晨顺垄撒在玉米苗边，防效较好。③灌药。喷灌玉米苗，可以将喷头拧下，逐株顺茎滴药液，或用直喷头喷根茎部，药剂可选用48%毒死蜱乳油1 500倍液、2.5%高效氯氟氰菊酯乳油2 500倍液或4.5%高效氯氰菊酯1 000倍液等。药液量要大，保证渗到玉米根围30厘米左右的害虫藏匿处。

注：喷施烟嘧磺隆的田块避免使用有机磷类农药。

128. 如何防治玉米螟？

玉米螟，又叫玉米钻心虫，属鳞翅目螟蛾科，主要以幼虫钻蛀危害玉米。老熟幼虫，体长25毫米左右，圆筒形，头黑褐色，背部颜色有浅褐、深褐、灰黄等多种，中、后胸背面各有毛瘤4个，腹部1～8节背面有两排毛瘤，前后各两个。见视频30。

视频30
玉米螟

玉米心叶期钻食心叶，当心叶展开时形成排孔（彩图76－1）。抽穗后蛀入茎秆或穗茎内，在穗期还可咬食玉米花丝、嫩粒或蛀入穗轴中，引起穗腐病（彩图76－2、彩图76－3）。被害的茎秆组织遭受破坏，影响养分的输送，蛀孔上部叶片变红色，可导致玉米穗部发育不全而减产，茎秆被蛀后易被风折断损失更大（彩图76-4、彩图76-5）。

防治措施：①农业防治。玉米螟以老熟幼虫在玉米秸秆或玉米根茬里越冬，采用秸秆粉碎还田等方法处理玉米秸秆，消灭越冬虫源。②化学防治。在玉米小喇叭口期至抽雄前心叶末期（大喇叭口期），以颗粒剂防治效果最佳，可用3%辛硫磷颗粒剂，或3%毒死蜱颗粒剂，或3%丁硫克百威等颗粒剂，每株2克进行撒施丢心；也可在玉米灌浆初期，喷洒20%氯虫苯甲酰胺悬浮剂3 000倍液+80%多菌灵可湿性粉剂600倍液喷雾防治。

129. 如何防治棉铃虫？

棉铃虫为鳞翅目夜蛾科害虫，有成虫、卵、幼虫、蛹4种虫态。幼虫共6龄，体色变化较大，有淡红、黄白、黄褐、淡绿、墨绿、黄绿等颜色（彩图77-1至彩图77-3）。老熟幼虫40～45毫米，头淡黄色，白色网纹明显，背线清晰，一般为深色纵线，气门白色。幼虫主要危害嫩叶、幼嫩的花丝和雄穗，3龄后钻蛀危害，多钻入玉米苞叶内咬食果穗，可诱发穗腐病发生。幼虫取食叶片成孔洞或缺刻状，有时咬断心叶，造成枯心苗。叶片上虫孔与玉米螟危害相似为排孔，但孔粗大，形状不规则，边缘不整齐，常见粒状粪便（彩图77-4）。

棉铃虫在华北地区发生3～4代。6月下旬至7月危害玉米心叶，8月下旬至9月上旬危害玉米果穗。卵多产于幼嫩的花丝上和刚抽出的雄花序上。幼虫有转株危害的习性，转移时间多在夜间和清晨，这时施药易接触到虫体，防治效果最好。

防治方法：主要以化学药剂防治为主，最佳用药时期在棉铃虫3龄前。可用20%氯虫苯甲酰胺悬浮剂3 000倍液，或15%茚虫威悬浮剂4 000倍液，或44%丙溴磷乳油1 500倍液，或5%氟铃脲乳油2 000倍液，或2.5%高效氯氟氰菊酯乳油1 500倍液喷雾防治。

对发生较轻的田块可结合防治玉米螟向玉米心叶内撒施颗粒剂进行防治，如3%辛硫磷颗粒剂，或14%毒死蜱颗粒剂，或3%丁硫克百威颗粒剂，每株2克。

130. 如何防治美国白蛾？

美国白蛾为鳞翅目灯蛾科白蛾属害虫，白色中型蛾子，体长 12～15 毫米。雌虫触角锯齿状，前翅纯白色，雄虫触角双栉齿状，前翅上有几个褐色斑点。老熟幼虫体长 28～35 毫米，头黑，具光泽；体黄绿色至灰黑色，背部毛瘤黑色，体侧毛瘤多为橙黄色，毛瘤上着生白色长毛丛（彩图 78－1)。根据幼虫的形态，可分为黑头型和红头型两类，其在低龄时就明显可辨。

危害特点：1、2 龄幼虫取食叶肉，叶片成纱网状，3 龄后，幼虫将叶片咬成缺刻，5 龄后分散取食，进入暴食期，严重时玉米叶片只剩叶脉，主要以靠近路边、河堤等树木较多的田块危害严重（彩图 78－2)。

一般一年发生 2～3 代，以蛹在土石块、树皮缝等处越冬。每年 4 月下旬至 5 月下旬越冬代成虫羽化产卵，幼虫 5 月上旬开始危害。

防治措施：

(1) 人工物理防治　①捕捉成虫。②人工剪除网幕。③围草诱蛹。具体操作方法：发现有美国白蛾危害的树木，在老熟幼虫开始下树时期，在树干离地面 1～1.5 米处，用谷草、稻草、麦秸、杂草等在树干上绑缚一周，诱集下树老熟幼虫在其中化蛹，然后于蛹羽化前解下草把烧毁。④灯光诱杀。⑤摘卵块。⑥挖蛹。

(2) 化学防治　在幼虫 3 龄以前，可用 25%灭幼脲 3 号胶悬剂 1 000 倍液，或 20%除虫脲悬浮剂 4 000～5 000 倍液、或植物性杀虫剂苦参碱 500 倍液喷雾防治；或用 4.5%高效氯氰菊酯乳油 1 500 倍液、或 2.5%功夫菊酯乳油 1 500 倍液、或 1.8%阿维菌素 2 000 倍液对各龄幼虫发生树木及其周围 50 米范围内所有植物、地面进行立体式、周到细致喷洒药剂防治。

131. 如何防治小地老虎？

地老虎又叫地蚕、土蚕，为鳞翅目夜蛾科害虫，种类很多，主要有小地老虎、大地老虎和黄地老虎，但以小地老虎危害玉米最为普遍而严重。幼虫老熟时体暗褐色，表皮粗糙，头黄褐色，体表密布黑色点状突起，腹部1～8节，背面有4个毛瘤。

一年发生3～4代，以第一代幼虫危害最重。刚孵化幼虫先在玉米心叶处取食，将心叶咬成针孔状或缺刻状，3龄后扩散，白天潜伏在玉米根部附近的土缝或土下洞穴中，晚间出来活动，咬食幼茎基部，或蛀入嫩茎中取食危害（彩图79-1）。有转株危害特点，被害玉米心叶边缘黄化（彩图79-2），常常造成缺苗断垄。高温不利于发生，阴凉潮湿、杂草多的沙壤土、壤土、黏壤土发生较重，河边、沟渠附近地块发病重，沙质土地块危害较轻。

防治方法：①农业防治。及时清除田间地头杂草，减少小地老虎的中间寄主。②诱杀成虫和幼虫。可以使用性诱剂、黑光灯和糖醋液在成虫始发期诱杀成虫。糖醋液（按重量计）用红糖3份、米醋4份、白酒1份、水2份、加少量（约1%）敌百虫晶体配置，放在敞口容器如小盆或大碗内，天黑前放入田间，第二天早晨收回。诱杀幼虫可用90%敌百虫晶体0.5千克，与切碎的蔬菜等青料50千克拌匀，或用米糠、豆饼等炒香后，每20千克用50%辛硫磷乳油0.5千克加水1～1.5千克，制成毒饵撒入田间。③化学防治。可用2.5%功夫菊酯1 000～1 500倍液、或48%毒死蜱乳油1 000倍液，或50%辛硫磷乳油1 000倍液，或2.5%高效氟氯氰菊酯乳油1 000～1 500倍液，于天黑前喷雾防治，喷施于根茎部地表效果好。

132. 如何防治双齿绿刺蛾？

双齿绿刺蛾为鳞翅目刺蛾科绿刺蛾属的一种昆虫，与其他刺蛾被俗称为洋辣子。各地均有分布，双齿绿刺蛾低龄幼虫多群集叶背取食下表皮和叶肉，3龄后分散食叶成缺刻或孔洞，严重时常将叶片吃光。幼虫老熟时体长17毫米左右，头顶有两个黑点，体黄绿色，背线天蓝色，胸腹部各节亚背线及气门上线均着生瘤状支刺，各体节有4个支刺，前三对支刺上有黑色刺毛，腹部末端有4个黑色刺球（彩图80-1）。

每年发生1代，以老熟幼虫在茧内越冬，7月上旬至7月下旬羽化成虫，7月中下旬至9月上中旬为幼虫危害期。

防治方法：①灯光诱杀。可在成虫发生期，于每晚7～10点利用黑光灯诱杀成虫。②化学防治。幼虫大面积发生时，可用4.5%高效氯氰菊酯乳油 1 000 倍液，或 20％虫酰肼悬浮剂 1 500 倍液，或 25％溴氰菊酯乳油 3 000 倍液，或 2.5％功夫菊酯 1 000～1 500 倍液喷雾防治。

133. 如何防治褐足角胸叶甲？

褐足角胸叶甲为鞘翅目叶甲科害虫，主要危害多种果树植物叶片，也危害大豆、谷子、玉米、高粱等农作物，取食玉米等植物叶片的叶肉，被害部位呈现不规则白色网状斑和透明空洞（彩图 81－1），危害心叶严重时，心叶卷缩在一起成牛尾巴状，不容易展开。

形态特征：成虫卵形或近方形，体长 3～5.5 毫米，体色变异较大，多为铜绿色或蓝绿色，也有棕黄色，前胸背板呈六角形，两侧中间突出为尖角。

防治方法：当田间褐足角胸叶甲成虫数量较大时，应及时喷施杀虫剂，如 2.5％功夫菊酯乳油 2 000 倍液，或 1.8％阿维菌素乳油 2 000 倍液，或 4.5％高效氯氰菊酯乳油 1 500 倍液，喷雾防治。

134. 如何防治白星花金龟？

白星花金龟是鞘翅目害虫，其幼虫为腐食性，以成虫危害为主。成虫体长 17～24 毫米、宽 9～12 毫米，椭圆形，具有古铜色或青铜色光泽。体表散布众多不规则白绒斑，白绒斑多为横向波浪状。

危害特点：白星花金龟以成虫群集在玉米雌穗上，从穗轴顶花丝处开始，逐渐钻进苞叶内，取食正在灌浆的籽粒，尤其是苞叶短小的品种，甜嫩多汁的籽粒暴露于外，危害更重。并且白星花金龟还排出白色粥状粪便，严重影响鲜食特色玉米的质量和品质（彩图 82－1 至彩图 82－3）。

发生规律：一年发生 1 代，成虫于 5 月上旬开始出现，6～7 月为发生盛期，此时正值地膜鲜食特色玉米采摘期。此外，白星花金龟飞翔力强，有假死性，对酒醋味有趋性，有群集性，产卵于土中。

防治方法：①农业防治。选用苞叶长且包裹紧密的品种，如陕科 6 号、农大 108、中地 77、强硕 68 等品种。②人工捉虫。用塑料袋套住被害的玉米穗，人工捕杀，可消灭正在穗上取食的成虫。③诱杀成虫。在成虫发生盛期，把细口的空酒瓶挂在玉米上或玉米田附近的树上，挂瓶高度为1～1.5米，瓶内放入2～3个白星花金龟，田间的成虫可被诱到瓶内，然后进行捕杀，每亩挂瓶40～50个，捕虫效果较好。④用糖醋液杀虫。利用白星花金龟对酒精醋味有趋性的特性，配制糖醋液进行诱杀。用糖、醋、酒、水和90%敌百虫晶体按3∶3∶1∶10∶0.1的比例在盆内拌匀，放在玉米田边，架起与雌穗位置相同高度，可诱杀成虫。⑤药剂防治。在玉米灌浆初期，可用50%辛硫磷乳油100倍液，在玉米穗顶部滴药液，可防治白星花金龟成虫的危害，还可兼治玉米螟等其他蛀穗害虫。

135. 如何防治蜗牛？

蜗牛是腹足纲柄眼目巴蜗牛科。蜗牛主要危害玉米叶片，还可危害苞叶、花丝、籽粒等。初孵幼螺只取食叶肉，留下透明表皮（彩图83-1），稍大个体用齿舌舐食玉米叶片，造成叶片缺刻、孔洞，呈条带状缺失，可造成叶片撕裂，严重时仅剩叶脉（彩图83-2），也危害花丝，严重时吃光全部花丝，使玉米不能授粉结实，还可危害细嫩籽粒，造成雌穗秃尖。

蜗牛白天潜伏，傍晚或清晨取食，阴雨天气栖息在玉米叶片和花丝上。初孵幼螺多群集在一起取食，长大后分散危害，喜栖息在植株茂密低洼潮湿处，因此田间密度大危害重；温暖多雨天气、田间潮湿地块及靠近水沟的田块受害较严重。遇有高温干燥条件，蜗牛常把壳口封住，潜伏在潮湿的土缝中或作物秸秆堆下面越冬或越夏，待条件适宜时，于傍晚或早晨外出取食。

防治措施：①人工捕杀。清晨或阴雨天气，蜗牛在植株上时进行人工捕捉并集中杀灭。②毒饵诱杀。用多聚乙醛300克、蔗糖50克、5%砷酸钙300克、炒香的豆饼或麦麸400克混合一起搅拌均匀，加适量水配制毒饵，傍晚时，顺垄撒施。③农业防治。合理密植，注意排涝，铲除田间落叶杂草，有条件的要适时中耕排湿。④化学防治。用6%四聚乙醛颗粒剂1.5～2千克，碾碎后拌细土5～7千克，于傍晚撒施玉米根部附近的行间；也可用喷雾型四氯乙醛25克兑水15千克于傍晚均匀喷在蜗牛附着位置，注意叶片正反面都要喷洒。

136. 高浓度杀虫剂点玉米芯防治玉米螟的药害症状有哪些？如何预防？

唐山市殷官屯村一农户防治玉米螟，用4.5%高效氯氰菊酯乳油300克，兑水45千克，进行玉米植株药液点心，造成了严重药害（彩图84-1至彩图84-4）。

唐山市新店子一农户在使用乐果点心时也造成了如下药害症状（彩图84-5、彩图84-6）。药害造成玉米心叶基部腐烂，引起细菌感染，发出恶臭，心叶卷曲并歪向一侧，有的心叶屹立不倒但已干枯，有的心叶叶片有大块农药灼烧斑点等症状。

药害造成玉米心叶腐烂干枯，建议及早毁种其他作物。药害造成玉米叶片有烧灼药斑，但心叶未腐烂的，可以喷洒芸薹素内酯、胺鲜酯等调节剂进行补救，一般可恢复生长。

137. 玉米生长中后期为什么提倡“一喷多效”技术？

玉米生长中后期是玉米产量形成的关键时期，也是多种病虫害的集中发生危害期。主要有蚜虫、玉米螟、棉铃虫、黏虫、褐足角胸叶甲、小斑病、褐斑病、锈病、大斑病、纹枯病、鞘腐病、瘤黑粉病、穗腐病等病虫害，可造成玉米减产。

玉米“一喷多效”技术，即在玉米生长中后期，利用先进植保机械（植保无人机、高地隙喷药器械）或人工背负长杆喷雾器，一次性喷施杀虫剂、杀菌剂、叶面肥或植物生长调节剂等，兼治多种病虫害，减少玉米中后期穗虫发生基数，减轻病害发生程度，调控玉米生长，达到玉米稳产高产的目标。

“一喷多效”每亩推荐药剂配方：①配方1：4%甲维盐·虱螨脲30克+500 g/L苯醚甲环唑·丙环唑10克+5%氨基寡糖素10克。②配方2：5.7%甲维盐20克+5%高效氯氟氰菊酯30克+325克/升苯甲嘧菌酯20克+磷酸二氢钾50克。③配方3：5%高氯·甲维盐40克+25%吡唑醚菌酯20克+0.01%芸薹素内酯10克。在上述配方基础上，根据蚜虫发生趋势、程度，决定是否添加啶虫脒、噻虫嗪、吡蚜酮、吡虫啉等内吸性农药。

138. 如何预防鸟雀啄食玉米？如何预防老鼠偷食玉米？

鸟雀常常将播种到地里的种子啄食，或把已出土幼苗拔下，啄食植株下部的玉米种子，或把已包衣种子幼苗拔下，啄食植株汁液，缓解干渴（彩图 85－1）。玉米成熟期，鸟类往往撕裂玉米穗外苞叶，啄食鲜嫩的籽粒。为趋避鸟类，播种前可以采用有机磷农药如辛硫磷等拌种。出苗后和成熟期，可以用扎稻草人，喷洒马拉硫磷、辛硫磷等易挥发刺激味较大的农药或吊挂专业驱鸟剂等方法预防鸟雀危害。

老鼠常常偷食播种的未包衣种子，造成缺苗断垄；玉米成熟后，偷食玉米穗上的籽粒，不仅影响产量，还可能传播鼠疫等疾病（彩图 85－2）。主要措施是，播种前使用辛硫磷、毒死蜱等杀虫剂进行拌种；玉米成熟期应用溴敌隆等鼠药诱杀老鼠，并根据成熟情况及早收获。

139. 玉米田杂草有哪些种类？

玉米田杂草（视频 31）主要有马齿苋、反枝苋、铁苋菜、马唐、牛筋草、狗尾草、藜、鬼针草、苍耳、苘麻、牵牛花、鹅绒藤、打碗花、葎草、鸭跖草、芦苇、蓼、刺菜、荠菜、萹蓄、龙葵、莎草、稗、自生麦苗等杂草（彩图 86－1 至彩图 86－16）。

视频 31
玉米田杂草

140. 玉米播种前如何防除杂草？

玉米田播种前杂草防治：①禾本科杂草与阔叶杂草混生地块，每亩可用 20%敌草快水剂 260 克兑水 30 千克全田喷雾；或用 200 克/升草铵膦水剂 130 毫升兑水 15 千克全田喷雾。②阔叶杂草严重地块每亩可用 20%氯氟比氧乙酸乳油 60～80 毫升兑水 30 千克全田喷雾；或 87.5% 2,4－滴异辛酯乳油 50 克、56% 2 钾 4 氯钠盐粉剂 50 克、20%敌草快水剂 200 克、200 克/升草铵膦水剂 200 毫升，兑水 15 千克全田喷雾。

春季使用敌草快、草铵膦等灭生性除草剂，应加大用量，喷施上述药剂后，杂草叶片干枯，而喷施 2,4-滴异辛酯等苯氧羧酸类除草剂的阔叶杂草叶片和根系扭曲变形，根系脆弱易断裂（彩图 87-1 至彩图 87-4）。

玉米播种前防除杂草选择除草剂时，一定要计算好化学除草与玉米播种的间隔时间，再选择安全间隔期与之相符的除草剂，否则极容易造成残留药害。彩图 87-5 和彩图 87-6 就是农户在玉米播种前 1 个月，使用丙炔氟草胺防除辣根时的残留药害症状。

141. 玉米田封闭性除草剂有哪些种类？

目前，市场上的玉米田除草剂主要是以播后苗前土壤处理剂（土壤封闭）为主，单剂主要有乙草胺、甲草胺、异丙草胺、异丙甲草胺、二甲戊灵、丁草胺、地乐胺、莠去津、西玛津、氰草津等。复配制剂主要有乙草胺·莠去津、异丙草胺·莠去津、丁草胺·莠去津、甲草胺·乙草胺·莠去津、丁草胺·异丙草胺·莠去津、乙草胺·莠去津·滴丁酯等多种复配方式，含量和配比也多种多样，但其成分构成主要以酰胺类除草剂和莠去津复配为主。这些土壤处理除草剂通过杂草幼芽、幼根吸收后而起作用，因此，必须在杂草出土前使用，才能收到较好的除草效果。

142. 如何选择玉米田封闭除草剂？

封闭性除草剂含哪种成分的效果好呢？在同等有效剂量下，除草剂混剂效果优于单剂，三元复配混剂效果优于二元复配混剂，各种混剂效果主要取决于酰胺类除草剂活性的高低。试验证明：在同等有效剂量下，该类除草剂除草活性比较结果为：乙草胺＞异丙甲草胺＞丙草胺＞丁草胺＞甲草胺＞异丙草胺，因此选择除草剂复配制剂时，应尽量选用除草活性高的酰胺类除草剂组成的复配制剂，如甲草胺·乙草胺·莠去津、丁草胺·异丙草胺·莠去津、乙草胺·莠去津等混剂。

143. 怎样喷施玉米田封闭性除草剂效果好？

玉米田播后苗前封闭性除草剂的具体使用技术，要掌握好“早、湿、量、匀”这四点。

“早”是指用药要早。玉米播种后及时喷洒除草剂，此时地表墒情较足，可以适当减少药液用量，降低劳动强度；其次土壤封闭性处理剂的作用是封闭杂草，用药尽可能要在杂草出土前；如果阔叶杂草超过3叶期，禾本科杂草超过1叶期，封闭性除草剂要加入敌草快、草铵膦等药剂，但除草成本增加，因此应尽早施药。

“湿”是指要保证用药前后的土壤湿度，在单位土地用药量一定的情况下，在一定范围内，药液用量越大，相对效果越好。在用药前浇水（或降雨），浇完地，只要是鞋子不沾泥，要立即用药，以保证药剂很快到达杂草的吸收部位。如果土壤过于干燥，每亩药液用量可以达到75～90千克。

“量”是指适当的除草剂用量。播种机或其他机械喷雾，由于药液用量不能准确计算，应适当增加用药量。麦茬高、麦秸和麦灰多的地块，药液被麦茬、麦秸、麦糖吸附，减少了土壤表面的药液量，因此要适当增加用药量30%～50%（推荐量），并在喷药时增加兑水量；有机质含量高的地块，采用推荐用量的高限。

“匀”是指喷药技术要好，兑水量要足，喷药要均匀，喷药时要做好记号，避免重喷或漏喷；喷雾器雾化要好，喷药前，要做好施药机具的检修维护。

喷洒封闭性除草剂时，可在施药时加入喷液量0.5%～1%的植物油或有机硅助剂，增加除草剂使用效果。在干旱条件下喷药，要在晴天上午8点前，下午6点后施药，最好夜间施药。避免在大风天，施药喷药前先兑好母液，然后在药箱中先加半药箱水，再把配好的母液加入药箱，搅拌均匀后把药箱加满水后方可喷洒。早春播前除草，由于气温低，除草剂使用量要适当增加，才能达到预期除草效果。

144. 玉米田封闭性化学除草效果不好的原因有哪些？

（1）除草剂质量的原因 由于市场的激烈竞争，许多除草剂生产厂家采取了“降低售价、广告轰炸”的手段。售价的降低、电视广告巨额开支，加上厂家、经销商的“必得利润”，因此，现在的除草剂一大部分是降低容量（350克减少到340克或300克）、降低含量（标识与实际不符，或者添加低成本的成分来“提高含量”）。例如：

以前的除草剂是1瓶400克，“1瓶施2亩地”的效果很好；现在大多是1瓶350克或300克，就是“1瓶施1亩地”的有效药量也明显不足，其效果可想而知。

（2）气候原因 ①用药期间高温、干旱。遇到持续大旱天气，空气非常干燥，玉米田地表很快形成干土层，使用封闭性除草剂时土层已干，不能形成有效药土层；或除草剂渗透的时间短，致使药剂在土壤中分布不匀，杂草无法或很少吸收到药剂；或药液很快蒸发掉而影响效果；同时干旱也阻碍杂草对药剂吸收、输送、传导，使药效降低。②用药期间的雨水过多。施用除草剂后，突降暴雨或持续降雨，不仅破坏药液封闭层、使药液流失，导致杂草的幼芽和幼根吸收不到能够致死的药剂量，除草效果不佳，而且还会破坏耕层土壤，冲走表土，土壤中深处草籽能无阻拦出土。③中后期降雨过多。玉米生长期间雨水过多，会导致地势高的坡地水土流失到低洼地块淤积，淤积土壤中草籽由于没有除草剂封杀，因此能形成草害；而坡地中的深层草籽由于表层土壤冲走，药液层破坏无阻拦出土。④喷药期间刮风影响药效。玉米春天播种时，风比较大，在有风天气施药，药液被风刮走不仅减少土表药液量，而且加速药液的挥发，影响药效。

（3）田间覆盖物太多、用水量太少 近年来麦田普遍使用大型收割机，致使田间预留麦茬过高，且麦糠麦秸随机丢弃，而夏播玉米又多采用麦田免耕直播抢种的种植模式，麦收后多不做灭茬或田间清理，导致玉米田施用除草剂后，药液多黏附麦茬、麦糠、麦秸上，而不能使药液均匀地喷洒到土壤表面，形成完整的药膜，杂草出土后接触不到药剂，从而严重影响了除草剂药效的正常发挥。

（4）土壤墒情、有机质含量 土壤墒情好，杂草出土整齐，能较好地吸收除草剂而起到除草作用，反之，就会因挥发、光解、吸收少而除草效果下降。土壤有机质含量高低，对土壤处理除草剂的除草效果影响较大，有机质含量低，用药量要求少，有机质含量高，就要求适当增加用药量，才能保证除草效果。

（5）杂草种类与土壤封闭除草剂的有效期 牵牛花、鸭跖草等大粒种子杂草，用乙草胺等酰胺类单质除草剂封闭效果不好；打碗花等多年生杂草用土壤封闭除草剂混剂也没有封闭效果。杂草种子在土壤中分布的深度不同，萌发的时间也不尽相同；同时，土壤封闭除草剂的有效期是45～60天，如果中后期降雨过多，土壤墒情好，一些土壤深层大粒种子杂草会突破失效的药土层生长，那么自然会出现“前期不长草，后期草满地”的情况。

（6）整地质量 玉米田封闭性除草剂一般要求在地表形成湿润均匀药膜，因此喷施除草剂时，要求地表平整，没有大的土块或凸凹不平，以免难以形成完整均匀的药膜，而影响除草效果。

（7）药剂施用技术 玉米田封闭性除草剂一般由2～3种单质除草剂混配而成，在瓶中放置一段时间后，会发生分层现象，上层为酰胺类除草剂，下层为莠去津，施用前要摇匀，但有些农户不看说明而分层施用，导致药效不佳。机械喷洒除草剂由于单位面积用水量少或用药量少而影响除草效果。喷洒除草剂时做好记号，尽量避免重喷漏喷。

（8）喷药时期 常用的玉米土壤封闭性除草剂在玉米播种后出苗前对地面进行喷雾，使地表面形成一层封闭药剂层，当地下杂草发芽时，无论是幼根或幼芽只要一接触药层就会中毒死亡。有些农户在施药时已是“小草满地”或“大草满埂”，药液不仅喷洒不到土壤表面，而且对1叶以上的单子叶杂草和3叶以上阔叶杂草无效。

145. 玉米播后苗前如何进行除草？

玉米播种后出苗前，玉米田阔叶杂草2叶1心前：亩用42%甲草胺·乙草胺·莠去津悬乳剂200～350克，或41%异丙草胺·莠去津悬乳剂200～350克、42%甲草胺·异丙草胺·莠去津悬乳剂200～350克、42%丁草胺·异丙草胺·莠去津悬乳剂200～350克，兑水30千克全田喷雾。

杂草3叶以上禾本科杂草出土后：亩用42%甲草胺·乙草胺·莠去津悬乳剂200～350克+200克/升草铵膦水剂（或20%敌草快水剂260克）260毫升，或41%异丙草胺·莠去津悬乳剂200～350+200克/升草铵膦水剂（或20%敌草快水剂260克）260毫升、42%甲草胺·异丙草胺·莠去津悬乳剂200～350克+200克/升草铵膦水剂（或20%敌草快水剂260克）260毫升、42%丁草胺·异丙草胺·莠去津悬乳剂200～350克+200克/升草铵膦水剂（或20%敌草快水剂

260克）260毫升，兑水30千克全田喷雾。阔叶杂草危害地块每亩用42%甲草胺·乙草胺·莠去津悬乳剂200～350克+87.5% 2,4-滴异辛酯乳油80～100克，兑水30千克喷雾。

土壤封闭性除草剂施用量过多或喷施后48小时内遇到大雨或暴雨天气，可造成玉米缺苗断垄或玉米苗药害（彩图88-1、彩图88-2）。

146. 玉米田多年生杂草如何防治？

玉米田多年生禾本科杂草有荻、白茅（彩图89-1）、芦苇等；多年生阔叶杂草主要有打碗花、鹅绒藤、刺菜、葎草等（彩图89-2至彩图89-5）；其他如香附子等。

玉米田发生多年生阔叶杂草，可在玉米播前或玉米3～5叶期全田喷施20%氯氟比氧乙酸乳油60毫升，或87.5% 2,4-滴异辛酯乳油60克，兑水30千克，于5叶期后，行间定向喷雾防治。

玉米田多年生禾本科杂草防治主要在玉米播前或播后苗前进行。可用10%精喹禾灵乳油120毫升，或10.8%高效氟吡甲禾灵乳油100毫升，或41%草甘膦水剂200毫升，兑水15千克全田喷雾。香附子可在玉米3～5叶期苗后喷施含烟嘧磺隆成分的复配制剂进行防治。

147. 玉米苗后除草剂有哪些种类？如何防治玉米苗期苗后杂草？

玉米出苗后喷施的除草剂分为两类，一类是封闭性除草剂，主要成分为酰胺类除草剂和三氮苯类除草剂合成的两元或三元复配制剂，如40%乙莠悬乳剂、42%甲乙莠悬乳剂、42%丁异丙莠悬乳剂等，这类除草剂主要以封闭为主，用于封杀未出土的杂草。有些厂家在封闭的基础上复配烟嘧磺隆或硝磺草酮，可达到连封再杀的效果。另一类为茎叶处理除草剂，用于杀灭已出土杂草，这类除草剂主要有苯氧羧酸类如2钾4氯钠盐、2,4-滴异辛酯等；均三氮苯类，如莠去津、氰津莠；磺酰脲类，如烟嘧磺隆、噻吩磺隆、砜嘧磺隆；此外还有硝磺草酮、苯唑草酮、氯氟吡氧乙酸、辛酰溴苯腈、敌草快、草铵膦等，以及由这些单剂除草剂复配形成的制剂，如烟嘧磺隆·莠去津、砜嘧磺隆·莠去津、硝磺草酮·莠去津、苯唑草酮·莠去津、烟嘧磺隆·硝磺草酮·莠去津、烟嘧磺隆·莠去津·氯氟吡氧乙酸等。

玉米3～5叶期，杂草2～4叶期，亩用25%硝磺草酮·莠去津悬乳剂（彩图90-1）200毫升，或24%烟嘧磺隆·莠去津悬乳剂（彩图90-2）200毫升，或4%烟嘧磺隆悬乳剂200克，或30%烟嘧磺隆·硝磺草酮·莠去津悬乳剂（彩图90-3）180克，兑水30千克全田喷雾。阔叶杂草危害地块，可亩用87.5% 2,4-滴异辛酯乳油60克，或56% 2钾4氯钠盐粉剂50克，或20%氯氟比氧乙酸乳油（彩图90-4）60毫升，兑水30千克全田茎叶喷雾。

148. 如何选择玉米苗后除草剂？

（1）根据玉米的种类 甜玉米、爆裂玉米、制种田玉米、糯玉米以及含有某些特殊基因的玉米对一般的苗后除草剂敏感，尤其是含烟嘧磺隆的苗后除草剂。因此，这些种类玉米进行苗后除草全田喷洒时应选择对玉米安全的苯唑草酮·莠去津悬浮剂类除草剂，而普通玉米品种可以选用大多数苗后除草剂。

（2）根据玉米田间有草无草 如果播后苗前没能及时喷洒玉米封闭性除草剂，玉米出苗后2～4叶期，杂草未出土或阔叶杂草2叶以前，可每亩喷洒42%甲乙莠悬乳剂、或42%丁异丙莠悬乳剂、或41%异丙莠等封闭型除草剂。如阔叶杂草叶龄超过2片叶，禾本科杂草叶龄超过1片叶，可以用上述封闭性除草剂与4%烟嘧磺隆悬浮剂、15%硝磺草酮悬浮剂混用。玉米生长中后期如果田间杂草较少，也可以定向喷洒上述封闭性除草剂和草铵膦等触杀性除草剂的混合液。

（3）根据玉米苗龄 玉米2～4叶期可以全田喷洒42%甲乙莠悬乳剂、或42%丁异丙莠悬乳剂、或41%异丙莠等封闭型除草剂；玉米3～5叶期，可以全田喷洒4%烟嘧磺隆悬浮剂、56% 2钾4氯钠盐粉剂、20%氯氟比氧乙酸乳油、30%烟嘧磺隆·硝磺草酮·莠去津悬乳剂等除草剂。玉米6叶期以后田间除草要进行定向喷雾，所有触杀性除草剂都可以选用，避免施用草甘膦，但选用灭生性除草剂草铵膦、敌草快时，最好在玉米拔节后或玉米0.5米高以后使用。

（4）根据杂草种类 玉米田以阔叶杂草危害为主时，尤其是多年生阔叶杂草如田旋花、刺菜、打碗花等，可以选择 2,4-滴异辛酯、2 钾 4 氯钠盐等苯氧羧酸类除草剂、或氯氟吡氧乙酸等除草剂，不仅效果好，而且成本低。如果玉米田中阔叶杂草和禾本科杂草混合发生时，可以选择烟嘧磺隆·莠去津、砜嘧磺隆·莠去津、硝磺草酮·莠去津、苯吡唑草酮·莠去津等除草剂。

（5）根据杂草草龄 阔叶杂草 2 叶 1 心前，玉米苗 2～4 叶期，玉米田无杂草或杂草较少时，可以选择封闭性除草剂如甲乙莠等。杂草 2～4 叶期，可以选择烟嘧磺隆·莠去津、硝磺草酮·莠去津等除草剂防除。阔叶杂草 3～5 叶期，可以选择 2,4-滴异辛酯、2 钾 4 氯钠盐、氯氟吡氧乙酸等除草剂进行防治。阔叶杂草与禾本科杂草混合发生时，2～5 叶期，可以选择砜嘧磺隆·莠去津、苯吡唑草酮·莠去津进行防治。杂草 5 叶期以后，可以选择草铵膦、敌草快行间定向喷雾防治。

（6）根据下茬作物 玉米田除草剂持效期比较长，土壤残留时间也长，容易造成下茬农作物死亡、矮化不长，尤其是玉米苗后除草剂，由于施用晚，更容易造成下茬农作物受害。唐山市丰润李钊庄、玉田杨家套等地区上茬种植玉米，下茬种植大白菜、芥菜、萝卜等作物，近年来发生了多起因上茬玉米苗后除草剂残留，而引起白菜、芥菜幼苗枯死现象。彩图 91-1、彩图 91-2 为豌豆遭受硝磺草酮残留药害症状，豌豆生长前期症状不明显，随着生长，残留在土壤中的硝磺草酮吸收量增多，逐渐引起叶片白化，根系干枯，植株死亡。彩图 91-3、彩图 91-4 为小麦遭受烟·硝·莠残留药害症状，小麦出苗后，随着生长，植株逐渐枯死，造成缺苗断垄。一些蔬菜种植区常常使用种植玉米的大田土壤做育苗土，也发生过玉米田除草剂残留药害。

因此，种植玉米（尤其是夏玉米）的田块，下茬种植蔬菜或使用该地块土壤做育苗土，喷施除草剂时尽量避免施用含莠去津、烟嘧磺隆、硝磺草酮成分的除草剂。玉米封闭除草剂可以选择乙草胺、二甲戊灵、地乐胺、精异丙甲草胺等残效期较短的种类。玉米苗后除草剂可以选择 2,4-滴异辛酯、2 钾 4 氯钠盐、氯氟吡氧乙酸防除阔叶杂草，在玉米生长中后期可以选择草铵膦、敌草快，行间定向喷雾防除禾本科杂草。

(7) 根据临近地块作物种类 玉米田临近地块种植花生、棉花、大豆、蔬菜等阔叶作物时，玉米田喷施苗后除草剂时要尽量避免使用2,4-滴异辛酯、2甲4氯钠盐等漂移性强的农药品种，可以喷洒烟嘧磺隆、硝磺草酮等除草剂。以免误喷到相邻作物上，造成药害。

149. 玉米苗后除草剂效果不好的原因有哪些？喷施苗后除草剂时应注意什么问题？

现在玉米苗后除草剂被大量使用，尤其是夏播玉米，使用面积几乎达到了80%。但从玉米苗后除草剂推出后，质疑其质量问题的声音就不绝于耳。喷施玉米苗后除草剂，草不仅没死，还长了，是农药质量有问题？还是打药操作的问题？

经咨询多个苗后除草剂厂家和经销商后获悉，目前市场上绝大部分的玉米苗后除草剂都是合格的，尤其大品牌除草剂，合格率更是100%。为了减少投诉，厂家也总是想方设法提高除草剂效果，如提高农药有效成分含量，使用优质助剂，采用多个除草剂复配等措施。既然玉米苗后除草剂质量没问题，那是什么原因导致除草效果不好呢？

(1) 玉米苗后除草剂效果不好的原因主要有以下几方面：

一是“人”的问题。有些农户为了省时省力，常常将180克或200克的玉米苗后除草剂，兑水15千克喷施1亩地，有些农户甚至将3瓶200克的除草剂兑水30千克喷施2亩地。这种施药方法是省时省力，但喷布极不均匀，极易造成漏喷，导致有些草喷不到除草剂而继续生长；大龄草植株附着药液少，叶片不能充分吸收药液，因此草不死；由于喷施速度快，躲在苗下或大龄草下面的小草喷不到药液，草不仅不死，还会继续生长。同时，这种施药方法不仅除草效果不好，还容易造成药害，如玉米苗卷心、上部叶片粘连、叶片黄化、叶片白化失绿等，都是喷施这种高浓度除草剂造成的。

二是“天”的问题。玉米苗后除草剂是内吸型的，除草剂被杂草叶片吸收后，随着体液的流转，被运输到根部，逐渐积累而引起杂草根系死亡，因此杂草的死亡过程较慢。施药后如果天气干旱少雨，土壤水分不足，这时杂草植株不能吸收充足的水分，生活力降低，体液流动缓慢，甚至不流动，导致农药有效成分不能运输到根部，只在上部叶片存留，因此就会看到杂草上部叶片有几天发黄打蔫，过段时间仍会返青生长了。再者干旱少雨天气，光线必然强烈，药液蒸发量大，会减少杂草吸收除草剂的量，强光也会加速叶片表面除草剂的光解，从而影响除草效果。

三是“药”的问题。玉米苗后除草剂效果不好，还与“药不对症”有关。选择玉米苗后除草剂一定要根据杂草的种类来选择，如地块中以鸭跖草、反枝苋、藜、打碗花等阔叶杂草为主时，可以选择氯氟吡氧乙酸、2,4-滴异辛酯等单剂农药，也可以选择以硝磺草酮为主的复配制剂，效果较好。如地块中以马唐、狗尾草等禾本科杂草为主时，应选择烟嘧磺隆单剂，或以烟嘧磺隆为主的复配制剂为宜。如阔叶杂草与禾本科杂草混生，应选择同时含有烟嘧磺隆和硝磺草酮复配制剂为宜。如果“药不对症”，除草剂的效果就会打折扣。对于生长期较长的大草，可选用敌草快、草铵膦等灭生性除草剂。

四是“草”的问题。喷施除草剂时，如果杂草过小，叶片着药面积小，杂草不能正常吸收，草不死；杂草过大，抗药性强，杂草也不死。因此喷施除草剂时尽量在杂草2～4叶期，此时杀草效果最好。

（2）为提高玉米苗后除草剂效果，使用时需注意以下几点：

① 避免高温干旱天气施药，尽量选择傍晚、早晨施药，最好在夜间施药。若在气温高、空气湿度小的上午8点至下午5点喷药，由于温度高、光照强，喷药后药液一会儿就会蒸发掉，因此杂草吸收除草剂的量明显不足，从而影响了除草效果；同时在高温干旱时喷药，玉米苗也易发生药害。最佳施药时间是8点以前，傍晚6点以后，因为此时喷药，施药后光照强度降低，湿度增大，药液在杂草叶面上存留时间长，杂草能充分地吸收除草剂成分，保证除草效果，同时也提高施药安全性，不易发生药害。

② 喷施苗后除草剂的前后7天，要严禁喷洒有机磷类杀虫剂，否则容易发生药害。但可与菊酯类和氨基甲酸酯类杀虫剂混喷，喷药时要注意尽量避开心叶，防止药液灌心（彩图92-1、彩图92-2）。

③ 喷药前先在药箱中加半药箱水，再把配好的母液加入药箱，同时加入喷液量0.5%～1%的植物油或有机硅助剂，搅拌均匀后把药箱加满水后方可喷洒。

150. 玉米生长中后期如何防治杂草?

玉米拔节后，植株显著增高，杂草2～4叶期，每亩可用55%硝磺草酮·莠去津悬乳剂200毫升，或用24%烟嘧磺隆·莠去津悬乳剂200毫升，或用4%烟嘧磺隆悬乳剂200毫升，或用50%砜嘧磺隆·莠去津可湿性粉剂90克，兑水30千克喷雾防治。杂草草龄较大时，可亩用200克/升草铵膦水剂260克，或20%敌草快水剂260克，兑水30千克，行间定向喷雾。阔叶杂草严重地块可亩用87.5% 2,4-滴异辛酯乳油60克，或56% 2钾4氯钠盐粉剂50克，或用20%氯氟比氧乙酸乳油60毫升，兑水30千克，行间定向喷雾。

151. 玉米田发生2,4-滴异辛酯类（苯氧羧酸类）药害的主要症状有哪些？如何预防?

2钾4氯钠盐、2,4-滴异辛酯等药剂为苯氧羧酸类除草剂，主要应用于玉米田苗后防除阔叶杂草，其药剂作用机理、药害症状等基本相同，生产中2,4-滴异辛酯较为常用，因此，文中统称为2,4-滴异辛酯类药害。玉米发生2,4-滴异辛酯类药害时有卷心状（彩图93-1）、叶片葱叶状（彩图93-2）、植株倒伏断裂状（彩图93-3、彩图93-4）、气生根鸭掌状、虬须状（彩图93-5、彩图93-6）。

2,4-滴异辛酯和2钾4氯钠盐等药剂可以在玉米3～5叶期全田喷雾防治阔叶杂草，玉米不会发生药害，而在其他时期应进行行间定向喷雾，避免发生药害。一些农药经销商和有些农民认为在玉米田间任意时期喷洒2,4-滴异辛酯或2钾4氯钠盐后，玉米在外部形态上并没有明显变化，因此不会产生药害。但事实说明，即使玉米外部形态没有明显变化，但已受隐性药害，这时的玉米比没喷洒的植株秸秆脆弱，遇风更容易倒伏。

2,4-滴异辛酯类除草剂发生药害较轻时，可以通过加强肥水管理，叶面喷洒植物调节剂芸薹素内酯、复硝酚钠等措施，一般短期内即可恢复；药害较重的地块，应及时翻种，一般不用考虑除草剂药害的影响，因为该类除草剂土壤活性低，不会影响种子发芽出苗。

152. 玉米田发生氯氟吡氧乙酸异辛酯药害的主要症状有哪些？如何预防？

近年来，阔叶恶性杂草如鸭跖草、打碗花、刺菜的发生面积越来越大，而氯氟吡氧乙酸异辛酯对这些杂草防效显著，因此被大量用于玉米田苗后除草。至于该药玉米苗后什么时期可以全田喷雾，什么时期进行行间定向喷雾，查无详细说明，因此农药经营者和农户不分玉米生长时期胡乱用药，导致该药在玉米上的药害时有发生（视频 32）。

视频 32
玉米田氯氟吡氧乙酸异辛酯药害

氯氟吡氧乙酸异辛酯田间玉米药害症状主要有卷心呈“牛尾巴”状、植株倾斜或倒折、基部节间弯曲、气生根畸形等（彩图 94－1 至彩图 94－4）。

氯氟吡氧乙酸异辛酯在玉米 3～5 叶期全田喷雾防治阔叶杂草，玉米一般不会产生药害，而在其他时期用药应进行行间定向喷雾，避免药害产生。

氯氟吡氧乙酸异辛酯发生药害较轻时，可以通过加强肥水管理，叶面喷洒植物调节剂芸薹素内酯、复硝酚钠等措施，一般短期内即可恢复；药害较重的地块，应及时翻种，一般不用考虑除草剂药害的影响，因为该类除草剂土壤活性低，不会影响发芽出苗。

153. 玉米田发生草甘膦药害的主要症状有哪些？如何预防？

草甘膦为灭生性、内吸传导型广谱性除草剂，靠植物绿色部分吸收该药，在用药几天后出现反应，表现为地上部分逐渐枯萎、变褐色，最后全株死亡。植物部分叶片吸收药液，即可将植株连根杀死。能杀死地面生长的各种杂草，但对地下萌芽未出土的杂草无效。其作用机理是破坏植物体内的叶绿素，淋入土壤后即钝化失效。

玉米田喷洒草甘膦应在无风条件下，进行严格定向喷雾，避免玉米叶片沾药；路边、河边等地方喷洒草甘膦时，应在无风条件下距离玉米20米以上；对喷用过草甘膦的喷雾器要反复清洗。

药害发生时，及时喷洒清水进行冲洗，摘除下部沾药叶片，同时喷洒0.136%赤霉素·吲哚乙酸·芸薹素内酯可湿性粉剂来缓解，也可喷施各种叶面肥修复被损害的细胞。严重地块及时毁种其他作物，尽量减少损失。

彩图95－1至彩图95－3为唐山市小黑马甸村一农户使用41%草甘膦水剂防除玉米田间杂草时，没有严格进行定向喷雾，致使玉米下部一些叶片吸收药剂而逐渐枯死。

154. 玉米田发生敌草快、草铵膦药害的主要症状有哪些？如何预防？

敌草快、草铵膦均为快速灭生性触杀型除草剂，能迅速被植物绿色组织吸收，使其枯死（彩图96－1至彩图96－3），对非绿色组织没有作用。玉米田定向喷洒敌草快、草铵膦，如果喷头过高可造成玉米叶片大面积枯死，药液滴溅在玉米叶片上，常形成青色枯斑，周围没有黄色晕圈，这是与圆斑病病斑的区别（彩图96－4）。见视频33。

视频33 玉米田敌草快、草铵膦药害

玉米在播前、播后苗前及玉米生长中后期都可以使用敌草快、草铵膦进行化学除草。玉米生长中后期喷施敌草快、草铵膦时必须定向喷雾，而且应选择在无风时，尽量压低喷头或戴防护罩进行喷洒，避免药液附着叶片上，以防造成玉米叶片干枯不能进行光合作用，影响产量。

玉米发生敌草快和草铵膦药害后，严重的要及时毁种，相对较轻的，及时加强水肥管理，促进玉米恢复生长。

155. 玉米田发生甲嘧磺隆药害的主要症状有哪些？如何预防？

甲嘧磺隆是内吸型灭生性除草剂，仅限用于荒地、林地、铁路沿线防除一年生、多年生杂草及矮生灌木，禁止用于农田。

近年来，唐山市发生多起因使用甲嘧磺隆不当，而造成的玉米药害事件。彩图 97-1 为一农户将甲嘧磺隆喷施于播后苗前玉米田，大部分玉米没出苗，或出苗后死亡，只有地势高、喷施少的地头稀稀拉拉的剩余几棵玉米。彩图 97-2、彩图 97-3 为一农户为了防治荒山杂草喷施了甲嘧磺隆，喷施时间不长，遇到暴雨将农药冲到了附近玉米田，只要流过残留农药雨水的地块，玉米苗不是干枯死亡，就是瘦弱不生长。

喷施甲嘧磺隆时，一定注意观察地势，不可在与农田相邻地方施药，不可在地势高、可能将残留农药冲刷到农田的地方施药，尽量避开邻近雨季的时间用药，以免因连续降雨将药剂冲刷到附近农田造成药害。发生药害的农田闲置 1～3 年后，方可进行耕种。

156. 玉米苗后除草剂硝磺草酮·莠去津药害的主要症状有哪些？如何预防？

硝磺草酮·莠去津是硝磺草酮与莠去津的混配制剂，具有杀草谱宽、用药量少、对玉米安全的特点，且施药时期长，苗前苗后均可使用。硝磺草酮可被植物的根和茎叶吸收，通过抑制对羟基苯基酮酸酯双氧化酶的合成，导致酪氨酸的积累，使质体醌和生育酚的生物合成受阻，进而影响到类胡萝卜的生物合成，杂草茎叶白化后死亡。

玉米苗后喷洒硝磺草酮·莠去津进行化学除草，如果喷施浓度过高或重复喷洒，温度低，会造成玉米叶片上部白化褪绿，尤其是心叶及叶片基部受害最重；对植株高度抑制比较明显（彩图 98-1、彩图 98-2）。

视频 34
玉米田硝磺草酮·莠去津药害

玉米苗后喷洒硝磺草酮·莠去津形成药害后（视频 34），如果症状较轻，一般不用采取任何措施，过一段时间可以逐渐恢复；如果症状较重，可以喷洒 0.136%赤霉素·吲哚乙酸·芸薹素内酯可湿性粉剂来缓解药害，促进玉米生长、叶色恢复变绿。

157. 玉米苗后除草剂烟嘧磺隆·莠去津药害的主要症状有哪些？如何预防？

烟嘧磺隆·莠去津作为玉米田除草剂，目前市场上有多种配方和剂型，一般严格按照说明使用，基本不会出现药害。施用烟嘧磺隆·莠去津除草剂时，在增加剂量、高温、玉米叶龄过多或过少、某些敏感玉米品种、与有机磷农药混用或喷施有机磷农药与喷施烟嘧磺隆·莠去津间隔不足7天的情况下，都容易出现药害。药害症状主要表现为：心叶及其他叶片褪绿黄化，或在叶片中部出现黄色斑块；上部叶片卷缩成鞭状或皱缩，或相互粘连；有些植株叶片边缘撕裂；生长受到抑制，植株矮小等症状（彩图99-1至彩图99-5）。

一般情况下，玉米本身的耐药性较强，烟嘧磺隆产生轻微药害时，不需要处理，玉米生长只是暂时受到抑制，一段时间后即可恢复，不会影响产量。若药害较重，需要处理时，可采用以下措施：及时浇水、喷淋清水，并适当追施速效性肥料，也可叶面喷施生长调节剂，增加植株抗性，缓解药害；另外加强中耕，增强土壤的通透性，促进根系活力及对水肥的吸收能力，加快植株恢复生长。

158. 玉米田发生乙草胺·恶草灵药害的主要症状有哪些？如何预防？

乙草胺·恶草灵乳油为花生田封闭性除草剂，丰润区七树庄镇一农民误喷在玉米上，导致苗期玉米叶片烧灼干枯，沾药少的叶片被烧灼呈白色斑点，喷药重的整片叶干枯或叶片上部干枯，有些植株初期烧灼呈水渍状，后期整株干枯（彩图100-1至彩图100-3）。

药害发生较轻的，首先要喷洒2～3遍清水，清洗植株上残留药液，然后喷洒0.136%赤霉素·吲哚乙酸·芸薹素内酯可湿性粉剂来缓解药害，促进玉米生长、叶色恢复变绿，叶片干枯的要及时剪除促发新叶。药害重的，应及早翻种其他作物。

七、防灾减灾与高产栽培技术

159. 风灾引起玉米倒伏有几种情况？如何预防？

根据倒伏的状况一般分为根倒伏、茎倒伏和茎倒折 3 种类型（视频 35）。根倒伏：玉米植株不弯不折，植株的根系在土壤中固定的位置发生改变。根倒伏多发生在玉米生长拔节以后，因暴风骤雨或灌水后遇大风而引起（彩图 101－1）。茎倒伏：即玉米植株根系在土壤中固定的位置不变，而植株的中上部分发生弯曲的现象。茎倒伏多发生在玉米生长中后期，密度过大的地块或茎秆韧性好、穗位较高的品种上（彩图 101－2）。茎倒折：即玉米植株根系在土壤中固定的位置不变，茎秆又不弯曲，从茎的某一节间折倒，如彩图 101－3。

视频 35
玉米倒伏

玉米倒伏的原因不仅与恶劣的气候条件如暴风雨有关系，还有如下原因：①品种。所种植品种根系不发达、植株高大、穗位较高，茎秆细弱、韧性不足的容易引起倒伏。②种植密度、方式不合理。玉米株行距过小，密度过大，田间通风透光不良，造成秸秆细弱，节间拉长，穗位增高，导致植株高而不壮，遇见较大风雨，造成倒伏。③肥水管理不当。有些地区农民为了降低劳动强度，便于农事操作，在玉米 1 米左右就追肥，而且重氮肥轻钾肥，造成钾肥缺乏；如果玉米苗期、拔节期雨水充足，或大水大肥等都容易造成茎秆机械组织不发达，使基部节间过度伸长，植株和穗位增高，给后期倒伏造成潜在威胁。④化控过晚。⑤病虫害防治不及时。主要表现为玉米螟和桃蛀螟危害茎秆和叶子，遇风雨造成倒伏。

预防措施：①选择支持根发达、茎秆粗壮的抗倒性强的品种，如郑单958、农大372、中科玉505、田丰118、纪元系列等品种。②合理密植。根据品种说明，确定合理的株行距，不可盲目增加密度。③喷施调节剂控制株高，促秸秆粗壮。④进行科学的田间管理。施足底肥和种肥，追施氮肥重点放在大喇叭口期；苗期适当中耕蹲苗，控制基部茎节过分伸长，促进茎粗，增强韧性；及时防治病虫害，尤其注意对玉米螟、桃蛀螟、黏虫的防治。

玉米倒伏（折）后补救措施：①对处于大喇叭口期以前的玉米，因植株自身有恢复直立能力，不影响将来授粉，可不用采取措施，如彩图101－4、彩图101－5。②对处于抽雄前后和灌浆期发生根倒伏的玉米，雨后应尽快扶直并培土。若倒伏面积过大，扶直培土困难，也可等待植株自行恢复，但植株下部会有弯曲出现，其中茎折植株建议及时割除，同时理顺相互压挤植株，避免压挤其他植株恢复直立。植株灌浆时，每亩施入尿素15千克，以促籽粒饱满，减少损失。③发生茎折地块，应及时割除倒折植株做青储饲料，补种白菜、萝卜等蔬菜，但要注意玉米苗后施用过烟嘧磺隆或莠去津类除草剂地块，不能种植白菜和萝卜。

160. 霜冻或低温危害玉米的主要症状有哪些？如何预防？

玉米霜冻危害主要指早春的晚霜危害玉米幼苗和初秋的早霜危害将要成熟的玉米，彩图102－1即为早霜危害玉米。轻微冷害或霜冻后，植株叶色加深，叶片边缘逐渐成红色，或形成灰白色枯斑；严重霜冻发生后，导致玉米上部叶片失水干枯，成灰白色。玉米生长前中期遭受低温危害，往往造成植株矮小，叶色黄绿，生长缓慢（彩图102－2），霜冻危害严重地块植株秸秆软化，叶片变褐萎蔫，匍匐倒地。霜冻危害玉米，发生普遍，受害部位均匀一致，且低洼地受害重，高岗地受害相对较轻。

预防措施：①适当延迟播种时期或移栽日期，如冀东地区露地玉米播期以4月20日以后为宜，此时晚霜已结束，不会对幼苗形成霜冻或低温危害，玉米移栽也在4月20日前后移栽为宜。②有些雨养农业地区，要根据春季降透雨早晚来选择生育期不同的种子。降透雨晚要种植生育期短的种子，反之，则种植生育期长的品种。根据品种生长日期长短进行适期播种、适时收获，避免玉米未成熟时遭遇霜冻影响产量。③注意收听天气预报，采用喷洒糖水、烟熏等方法预防霜冻发生。④对叶尖部受冻较轻的玉米苗，可进行正常肥水管理，加强中耕松土，对后期的生长和产量基本没有影响。对冻至叶鞘、尚未冻至主生长点的玉米苗，待气温回升正常后 2～3 天，用剪刀将玉米苗受冻部分的卷曲叶片剪去，以便心叶及早抽出，为了促进其快速生长，可在生长到拔节期时每亩每次用磷酸二氢钾 100 克，兑水 30 千克连续喷雾 2 次；对于冻害较严重、主生长点已冻死的玉米苗（8 叶期之前），可去掉冻死部分，割苗再生；8 叶期之后，要及时毁种补种能够正常成熟的作物。⑤加强病虫害的防治和田间管理工作。玉米苗期受冻后，抗逆性有所下降，应根据田间情况，加强病虫的预测预报并及时做好防治工作。此外，应根据田间长势，看苗、看天、看地，分类进行管理，特别要注重单株管理，重视氮、磷、钾平衡施用，促进田间受冻玉米苗均衡生长。

161. 高温干旱危害玉米的主要症状有哪些？如何预防？

玉米遭遇严重干旱时，玉米幼株的上部叶片卷起，并呈暗色（彩图 103－1，视频 36）。成株在氮肥充足情况下也表现为矮化、细弱，叶丛变为黄绿色，严重时叶片边缘或叶尖变黄，随后下部叶片的叶尖端或叶缘干枯（彩图 103－2）。玉米遭遇长时间干旱，植株显著降低，叶片虽都已抽出，但雌穗不吐丝，或吐丝延迟，不能授粉结实（彩图 103－3）。彩图 103－4 为玉米果穗苞叶过短，除与品种的抗逆性有关外，还与雌穗分化期遭受持续高温、药害等相关。彩图 103－5 果穗上的透明秕粒是因授粉受精不完全所致。玉米是双受精被子植物，花粉中的 2 个精细胞分别与胚珠中的卵细胞和中央细胞融合，精细胞与卵细胞融合形成受精卵，发育成胚形成籽粒，精细胞与中央细胞融合形成胚乳，胚乳占籽粒重量的 80％～85％，且决定籽粒颜色。如在抽雄授粉期遭遇持续高温干旱，可致精细胞与中央细胞融合受阻，不能形成胚乳，则为透明秕粒。

视频 36
高温干旱

防治方法：①浇水抗旱、降温。②选用抗旱品种。如盛单219、强硕68、和玉2号、沈玉29、先玉335、华春1号、登海685等。③浅中耕松土。具体方法用锄头浅锄2～3厘米土层，将土块打碎成细土回铺。这样切断了土壤的毛细管道与表土的连接，深层土壤水就不会被源源不断地蒸发掉。④进行辅助授粉。在高温干旱期间，花粉自然散粉传粉能力下降，可采用竹竿赶粉人工辅助授粉法，使落在柱头上的花粉量增加，增加授粉受精的机会，减少高温对结实率的影响，一般可提高结实率5%～8%。⑤根外喷肥。用尿素、磷酸二氢钾水溶液于玉米大喇叭口期、抽穗期、灌浆期连续进行多次喷雾，增加植株穗部水分，能够降温增湿，同时可给叶片提供必需的水分及养分，提高籽粒饱满度。

162. 水涝危害玉米的主要症状有哪些？如何预防？

玉米需水量虽然很大，却不耐涝。涝害对玉米的危害表现为：水分过多使玉米生长缓慢，植株软弱，叶片变黄（彩图104-1、彩图104-2），茎秆变红，根系发黑并腐烂。久旱遇雨涝，玉米生长加速，导致新叶不能展开，形成鞭状卷心（彩图104-3）。玉米不同生育期的抗涝能力不同。苗期抗涝能力弱，夏玉米种植区苗期正值雨季，常常发生涝灾。7叶期以前土壤含水量达到田间持水量的90%时，玉米开始受害；土壤处于饱和状态时，根系生长停止，时间过长则全株死亡。拔节后抗涝能力逐渐增强；成熟期根系衰老，抗涝能力减弱，容易早衰（彩图104-4）。

预防措施：①选用抗涝品种。抗涝品种一般根系里具有较发达的气腔，在易涝条件下叶色较好，枯黄叶较少。在易涝地区，可在已有玉米杂交种中，选择较抗涝的品种，京津唐地区可选择高秆大穗型品种如盛单219、丹玉405、强硕68、宏硕978等。②调整播期。玉米苗期最怕涝，拔节后其抗涝能力逐步增强。因而，可调整播期，使最怕涝的生育阶段同多雨易涝的季节错开。华北地区雨季常在7月中下旬或8月上中旬开始，采用麦垄套种和麦收后提早播种，尽量使玉米在雨季开始前拔节，提高其抗逆能力。③排水。雨后及时排水，避免浸泡时间过长，引起根系死亡。④中耕。俗话说锄底下有火，排涝后及时进行深中耕，可有效提高玉米根部土壤温度，促进根系正常生长发育。

163. 高温炙烤危害玉米的主要症状有哪些？如何预防？

近年有些农户在小麦收获后，由于麦茬较高，造成下茬玉米播种质量不好，因此常火烧麦茬，造成临近地块早播种的玉米受害，玉米受害后，有的全株失水干枯，有的上部叶片失水干枯，变成灰白色，离火源越近受害越重（彩图 105－1、彩图 105－2）。

北方一些农户种植小拱棚鲜食玉米，由于放风不及时，也常常造成高温烤苗，导致玉米上部叶片失水干枯（彩图 105－3）。

预防措施：加大禁烧秸秆宣传力度，努力推广玉米免耕直接播种技术。采用小拱棚种植鲜食玉米农户，要收听天气预报，根据气温变化及时破膜放风。玉米受害后，严重地块及时毁种补种或移栽补苗，受害较轻的地块视情况及时剪除干枯叶片，同时浇水追肥，喷洒尿素、大量元素水溶肥等叶面肥，促进玉米生长，尽可能降低损失。

164. 冰雹危害玉米的主要症状有哪些？如何预防？

玉米遭受冰雹危害后的几种田间表现：①苗期玉米受害容易引起心叶展开困难。玉米苗未展开幼叶受损后，由于受伤组织坏死，导致心叶不能正常展开，叶片卷曲皱缩（彩图 106－1、彩图 106－2）。②叶片撕裂破损。由于冰雹的机械击打作用，玉米叶片成斑点状或条状破损撕裂，严重的只余茎秆（彩图 106－3）。③倒伏淹水。

防治措施：①扶苗。雹灾发生时，有部分苗被冰雹或暴雨击倒，有的则被淹没在泥水中，容易造成秧苗窒息死亡。雹灾过后，要及时将倒伏或淹没在水中的秧苗扶起，使其尽快恢复生长。②喷施叶面肥。受雹灾危害的玉米植株，由于叶片损伤严重，光合作用弱，玉米体内有机营养不足。雹灾过后应适当喷施叶面肥，如 0.3％磷酸二氢钾＋0.6％尿素溶液，或芸薹素内酯等叶面肥或调节剂，促使植株尽快恢复生长。③深中耕散墒。雹灾发生时伴随暴雨，土壤水分过多、过湿，导致根系缺氧，雹灾过后，应及早进行深中耕松土，增强土壤通透性，促进根系生长和发育。④舒展叶片、剪除枯叶碎叶。受损不严重叶片要及时梳理，尽快恢复光合作用；植株顶部幼嫩叶片组织受冰雹击打坏死的叶片和碎叶，影响玉米心叶正常展开要及时剪除，尽量避免伤及生长点。雹灾过后，应及时施肥，损伤的叶片尽量恢复生长，以便使叶片及早进行光合作用。⑤加强病虫害防治。受雹灾地块的叶片受损严重，极易感染病害和虫害，应加强监测及时防治。可在喷施叶面肥时混用80%多菌灵可湿性粉剂500～800倍液喷雾，预防病害发生。⑥及时补种毁种。玉米前中期受灾严重，要及时毁种补种能正常成熟的作物。⑦玉米生长后期遭受严重冰雹危害，有条件地区与奶牛场联系及时进行青贮，以降低损失。

165. 空气污染玉米的主要症状有哪些？如何预防？

随着工业的发展，城乡工业区附近空气污染经常出现，使玉米生产受到较大损失。在工业生产中，由于排出对作物有害的气体或粉尘，如二氧化硫、氟化氢等；此外在日光照射下，由氧化氨、碳化氢之间进行光合化学反应产生的臭氧、过氧乙酰硝酸盐也可对玉米产生毒害。玉米受害症状均匀，离污染源排放点近的地块危害重。一般情况下，玉米上部叶片受害重，主要表现有叶片黄化坏死、叶脉间出现白色坏死斑或黄褐色坏死条纹等症状（彩图107-1至彩图107-3）。

清除污染源是预防空气污染的最佳措施。对于受害较轻的玉米，可以通过喷洒0.136%赤霉素·吲哚乙酸·芸薹素内酯可湿性粉剂，0.6%尿素水和复硝酚钠等叶面肥和调节剂来缓解症状。

166. 春玉米轻简化高产栽培技术的要点是什么？

春玉米轻简化高产栽培技术的要点就是通过播种过程，将田间管理中的间定苗、封闭除草、追肥等措施省略，即播单粒种子不用间定苗，机械喷施封闭除草剂不用人工喷施，施一次性底施肥不用再次追肥（视频37）。该技术操作简单，省工省力，产量不低，目前已得到广泛应用推广。主要栽培技术要点如下：

视频37 春玉米轻简化高产栽培技术要点

（1）耕翻整地 冬前旋耕整地，耕翻深度应达到25厘米左右，要求耕深一致。施用有机肥料的农户，整地前撒施，然后旋耕整地。

（2）品种选择 结合各地的生态类型，选用适宜的优良品种。按照精量播种的要求，种子发芽率96%以上，种子色泽光亮，籽粒饱满，大小一致。根据种子包衣情况和当地病虫害发生情况，可进行二次包衣。

（3）肥料选择 施用玉米一次性底施肥，根据玉米需肥规律、土壤类型、土壤供肥能力与肥料效应、气候特点等选择适宜种类的长效缓释肥料。根据产量水平和当地土肥站的推荐意见，确定适宜的肥料配方和施肥量，如氮磷钾复合肥26-10-12、26-10-15、24-12-10、24-12-12、26-14-8等配方的肥料；根据生产水平的高低和种植密度，一次性底施肥施入40～60千克/亩。

（4）除草剂选择 选择甲草胺·乙草胺·莠去津、丁草胺·异丙草胺·莠去津、乙草胺·莠去津等三元或二元混剂，根据土壤有机质含量高低、表层土壤湿润程度等确定每亩除草剂用量，一般每亩250～350克左右。

（5）播种 ①播种期。在土壤墒情允许的情况下（田间持水量大于60%），春玉米适宜播种期一般掌握在5～10厘米地温稳定在10～12℃时播种。各地应根据无霜期、病虫害、气候特点、种植习惯等确定适宜的播种时期。②行距。可选用60～70厘米等行距，也可采用大小行种植，即大行距80～90厘米、小行距40～50厘米。③播种机具。使用种肥药一体化精量播种机（彩图108-1），播前调试好机具，做到下种准确，不漏播；种肥左右隔离8～10厘米，上下隔离3～5厘米；喷头不堵塞，喷雾均匀。④播种深度。根据土质、土壤墒情和种子大小而定，一般以3～6厘米为宜。⑤合理密植。根据各地种植习惯、品种株型、土壤肥力、质地、管理水平、水肥投入等确定适宜的种植密度。春播玉米亩种植密度一般在3 000～5 000株。

（6）田间管理 出苗后及时查苗，间除双株苗。注意防治蓟马、灰飞虱、玉米螟、叶斑病等病虫草害。关注天气预报，注意防旱排涝。

（7）适时收获 玉米苞叶变黄松散，籽粒尖端出现黑色层，乳线消失，籽粒达到生理成熟，此时即可收获。

167. 夏玉米免耕精量直播高产栽培技术的要点是什么？

小麦玉米一年两熟种植区，在小麦收获后可采取夏玉米免耕精量直播高产栽培技术，不仅简便易行，而且降低劳动强度，节省劳动力，稳产高产。主要栽培技术要点如下：

(1) 播前准备

① 品种选择。选择通过本地区审定品种或已大规模种植品种，品种要耐密植、抗倒抗病强、米质好、熟期适宜、高产潜力大的夏玉米品种。如京津冀早熟夏玉米类型区可选择纪元系列、MC220、玉单2号、京农科828、沧玉76、陕科6号、沃玉3号、农大372等品种。黄淮海夏玉米类型区可选择农大372、迪卡653、中科玉505、裕丰303、登海605、郑单958、陕科6号、秋乐368、沃玉3号等品种。② 选择高质量种子。选择籽粒大小均匀、适宜单粒精量播种的优质种子，要求种子纯度应不低于96%，净度应不低于99%。注意种衣剂成分和包衣效果，如成分与当地常发病虫害不符，或包衣不均匀脱落严重，可进行二次包衣。③ 播种机选择。选择单粒精量玉米播种机，播种前调试好各部件，确保运转正常，一次性完成开沟、施肥、播种、覆土、镇压等工序。④ 肥料的选择。根据产量水平和当地土肥站的推荐意见，确定适宜的肥料配方和施肥量。种肥施用普通复合肥料或掺混肥料，可选择氮磷钾复合肥15-15-15、18-7-20、15-20-10、15-12-18等配方的肥料。玉米一次性底施肥可选择氮磷钾复合肥26-10-12、26-10-15、24-12-10、24-12-12、26-14-8等配方的长效缓释肥料。根据生产水平的高低，普通复合肥料或掺混肥料亩施10～35千克，一次性底施肥亩施40～60千克。⑤ 封闭性除草剂选择。由于麦茬较高，麦糠较多，一般不推荐喷施封闭性除草剂。对于麦秸捡拾比较干净地块可喷施封闭性除草剂，但除草剂用量应加大，每亩300～400克，药液量增加到每亩45～60千克。可选择甲草胺·乙草胺·莠去津、丁草胺·异丙草胺·莠去津、乙草胺·莠去津等三元或二元封闭性除草剂混剂。

(2) 播种

① 播种时间。小麦收获后尽早播种玉米，黄淮海地区一般在6月上中旬，京津冀地区一般在6月中下旬。田间相对含水量70%～75%为适墒播种，播种时墒情不足，可先播种后尽早浇"蒙头水"。②播种方式。采用单粒精量播种机免耕精量播种，等行距60～70厘

米，大小行大行距 80～90 厘米、小行距 40～50 厘米，播深 3～5 厘米。种肥一次性同播，种肥侧深施，种肥隔离，防止烧种、烧苗。注意播种速度，匀速播种，播种机行走速度应控制在 5 公里/小时左右，避免漏播、重播或镇压轮打滑。③种植密度。根据品种特性和种植习惯确定合理密度，一般亩留苗 4 200～5 000 株左右。

（3）田间管理 ①化学除草。玉米 3～5 片叶、杂草 2～5 片叶，可亩用 55%硝磺草酮·莠去津悬乳剂 200 毫升，或 24%烟嘧磺隆·莠去津悬乳剂 200 毫升，或 50%砜嘧磺隆·莠去津可湿性粉剂 90 克，兑水 30 千克喷雾进行防治。也可在玉米 10 片叶以上，每亩使用 200 克/升草铵膦水剂 260 克，或 20%敌草快水剂 260 克，兑水 30 千克行间定向喷雾。②防治病虫害。加强粗缩病、褐斑病、弯孢霉叶斑病、小斑病、玉米螟、灰飞虱、黏虫、蓟马、棉铃虫和二点委夜蛾等病虫害的综合防控。③拔除弱小病株。小喇叭口到大喇叭口期之间，应及时拔除小、弱、病株。④追施穗肥。施用普通复合肥料或掺混肥料的地块，可在大喇叭口期每亩追施尿素或高氮复合肥料 15～20 千克，开沟深施为宜。⑤抗旱防涝。孕穗至灌浆期如遇旱应及时灌溉，尤其要防止“卡脖旱”；若遭遇涝渍，应及时排水。

（4）收获期 适当延迟玉米收获日期，可提高玉米单产，冀东地区可延迟到 10 月 12 日左右，但玉米收获后播种小麦，播量应适当提高。

168. 鲜食玉米高产栽培技术的要点是什么？

近年来，随着我国种植业结构调整，鲜食甜糯玉米种植面积逐年扩大，根据各地经验和做法，整理了一套栽培技术（视频 38），供大家参考借鉴。

视频 38
鲜食玉米高产
栽培技术要点

（1）选用优良品种和优质种子 种子质量符合国家标准，发芽率不低于 93%。选择经多年广泛种植得到生产检验和市场认可的品种，北方栽培的鲜食玉米品种主要有米哥、京科糯 2000、万糯 2000、农科玉 368 等，南方代表性品种有金银 208、金玉甜 2 号、浙甜 11、浙凤糯 3 号、京科糯、浙糯玉 16

号、美玉7号、粤甜16等。

(2) 根据市场需求，确定播种面积 鲜食玉米由于适宜采收期较短，大规模种植前要签订收购合同，实现订单生产，根据订单或市场需求确定播种面积。

(3) 注重播种质量，分期播种、错期上市 鲜食玉米上市时间与价格联系紧密，因此要注重播种质量，确保一播全苗，以便及时上市。播前要精细整地，精量播种，种肥隔离，播深2～4厘米。

根据各地自然气候及土壤条件等确定适宜播期，并采取灵活多样的种植方式，如露地栽培、覆膜栽培、温室大棚设施栽培等种植方式，分期播种，错期上市。

(4) 注意时空隔离，避免串粉影响品质 衡量鲜食玉米至关重要的指标是品质和口感。为防止鲜食玉米和普通玉米串粉，保证鲜食玉米品质不受影响，鲜食玉米种植时应采取时间隔离或空间隔离。时间隔离是指鲜食玉米比普通玉米播种提早或延后，错开花期。如唐山甜玉米种植区，一年种植两季，第一季在3月底4月初地膜种植，7月上旬收获后，第二季开始播种种植，这样两季甜玉米的花期与常规品种能完全错开。空间隔离是指利用高山、房舍、树林等进行障碍隔离，在没有障碍物的平原地区种植时应有200米以上的隔离带。

(5) 合理密植，适当降低种植密度，确保实收亩穗数 鲜食玉米在乳熟期收获鲜果穗，果穗大小、均匀度、整齐度是影响其等级率、商品性和市场价格的重要因素，因此种植密度不宜过大，一般每亩3 000～3 500株为宜，

(6) 合理运筹肥水，提高品质 根据品种特性和生长发育规律，合理统筹肥水管理。注重有机肥的使用，以提高品质；大喇叭口期亩追施高氮复合肥料（24－0－6）20千克；生育中期特别是抽雄散粉前后20天内，土壤墒情不足，应及时浇水，以保证产量和品质。

(7) 病虫害防治 选用抗病虫优良品种，同时采用高质量包衣种子，在小喇叭口期喷施甲氨基阿维菌素苯甲酸盐，授粉完成及时喷施氯虫苯甲酰胺防控玉米螟、棉铃虫等鳞翅目害虫。严禁使用高毒高残留农药，特别是采收前15天内禁用农药。

(8) 适时采收 甜糯玉米的适宜采收期很短，采收前及时联系订

单厂商或收购商，提前做好销售计划。注意观察籽粒灌浆进度，适时采收，以免影响品质。采收时间：糯玉米一般是在授粉后的第20～25天，甜玉米在授粉后18～23天，甜加糯玉米介于两者之间，但也会因品种不同和种植季节而有差异。

（9）采后处理 在清晨或上午温度较低时及时采收，采收后及时销售或加工。如需长距离运输销售，运输前须采取降温预冷等保鲜措施，并使用冷藏运输车运输。

（10）秸秆综合利用 鲜食玉米秸秆营养价值相对较高，适口性好，是牛羊等草食牲畜的优质饲料。果穗采摘后可保留秸秆在地里面继续生长一周左右时间，光合产物可增加茎秆和叶片中的的含糖量，提高青贮饲料的营养价值。

169. 盐碱地种植玉米应注意的技术要点有哪些？

（1）科学合理施肥 ①增施有机肥。每亩施有机肥3～4立方米，并坚持每年秸秆还田。②合理选择化肥种类。选择酸性、中性化肥，如复合肥料、尿素、硫酸铵、过磷酸钙等肥料做底肥和追肥。③施肥方法要适宜。施肥应少量多次施用，避免土壤溶液浓度骤然升高，引起烧根。在盐碱地上施用铵态氮肥易引起氨的挥发，要深施埋严。盐碱地易缺磷，可增施磷肥。

（2）选择抗盐碱的品种 高秆大穗型品种，根深叶茂，适应性强，近年来环渤海地区盐碱地种植较多，如强硕68、宏硕978、盛单219、丹玉405等品种。各地应根据本地的气候特点、土壤条件，选择适合本地区种植的耐盐碱、抗逆强、生育期适中的优良品种。

（3）提高整地质量 盐碱地可进行适当深耕，可有效控制土壤表层盐分的积累，防止土壤返盐，一般在秋季整地。

（4）适时晚播 盐碱地玉米应适时晚播，适当加大播种量，并注意防治地下害虫，提高出苗率。

（5）加强田间管理 盐碱地玉米出苗晚、生长慢、苗势弱。在田间管理上要采取早间苗、多留苗、晚定苗的技术。

八、玉米机械化

170. 选购玉米播种机应注意哪些事项?

(1) 对当地的农业生产条件进行深入考察研究 购买播种机前，一定要进行调查，调查内容包括能够作业的范围和面积、耕地的地势、播种的深度、土壤的质地和干湿度、农户的种植习惯等。另外，还要考虑以后的发展形势，如土地规模化经营、轻简化栽培技术的应用等。综合考虑以上各方面因素后，再决定选购哪种型号的播种机。

(2) 选好型号后要查看确认播种机的质量 选购播种机要以安全为主，要查看所选择播种机外露的齿轮、链条等零部件是否有可靠的防护装置。检查机器基本规格，查看开沟器圆盘、排种轴、排肥轴等零件是否灵活运转，机架是否能承受一定的负荷，人工操作处是否有防滑踏板和防摔护栏，机身上是否有安全标志。从外观看内在，机器的外观应整洁完好，无锐利的棱角、切边、油污等，面漆下面必须涂有底漆等。

171. 精量（单粒）播种技术有什么优点?

精量（单粒）播种技术是指“以单粒播种为目的”，用精量播种机械，将种子按精确的播深、间距定点、定量播入土中，基本达到“一穴一粒”而不需要采用间苗或定苗的种植方式。

(1) 省种 传统播种，一般亩用种量2.5～3千克，而精量播种亩用种量约为1.5千克左右，每亩节省1.5千克左右种子，相当于节省1.5千克粮食。

(2) 省工、降低劳动强度 精量播种减少了苗期间苗、定苗这一环节，既节省了劳动力，又降低了人们的劳动强度。

（3）省肥、省药 养分利用最大化，苗齐苗壮，提高品种抗性。

（4）提高了除草剂药效 精量播种省去了间定苗环节，除草剂形成的药膜不会被破坏，保证了除草剂的封闭效果。

（5）保证品种的最佳密度

（6）提高果穗均匀度和玉米成熟度及产量

172. 精量（单粒）播种应具备什么条件？

（1）选择高质量的种子 要求种子发芽率达到92%左右，纯度达到98%以上，要求种子籽粒均匀，大小一致，没有破粒、病虫粒。

（2）要有单粒播种机具

（3）配套技术 地块平整，所用种子必须经过包衣，足墒播种，适时播种，株距准确，出苗后及时防治病虫鸟害。

（4）机手有经验 播种机手应细心，播前调试好机具，做到种肥隔离，播种时注意下种器下种情况，避免烧苗和漏播。

173. 玉米精量播种机分为哪几种？

玉米精量播种机分为两类，即气力式精量播种机和机械式播种机。

气力式精密播种机主要通过气流产生的吸附力控制种子进行播种，并通过控制气流来达到控制播种数量的目的。气力式精密播种机依据其播种原理不同可以分为气吸式（彩图109-1）、气压式、气吹式3种播种机。见视频39。

视频39
玉米精量播种机

机械式播种机是依据排种器进行分类的另外一大类精密播种机。而依据机械排种器的不同，又可以详细划分为指夹式播种机（彩图109-2）、圆盘（勺轮）式精密播种机（彩图109-3）、强制夹持式播种机、中央集排气送式播种机、滚筒式精密播种机等一系列机械式播种机。机械播种机的主要特点是机械部分简单，不需要风机带动，但是容易出现漏种等情况。

在山区一些面积比较小的地块，推广使用的人工精量播种机具，不仅操作简便，而且下种准确，工作效率高，但劳动强度相对较低。

174. 勺轮式精量播种机和指夹式精量播种机各有什么优缺点？

勺轮式玉米播种机的优点是勺轮损坏的概率是非常低的，结构简单，使用方便，能够单粒播种；缺点是不同的玉米籽粒需要调整排种器来实现单粒播种，极大或者极小的玉米籽粒需要更换勺轮，播种速度不超过 5 公里/小时，而且容易刮伤种子外皮，造成缺苗断垄。

指夹式玉米播种机的优点是播种速度快，可快速播种并且实现单粒播种，种子的大小无需更换排种部件；缺点是指夹式排种器的“指夹”是由弹簧来夹住玉米籽粒的，弹簧张张合合，时间久了会出现无弹力，影响播种效果。

175. 影响我国玉米籽粒机械化收获发展的主要限制因素是什么？

(1) 品种 目前，国内玉米品种大多数生育期偏长、收获时籽粒含水量偏高、苞叶厚而紧、结穗高度不一致、后期倒伏倒折、穗轴偏软，导致籽粒机械化收获质量差，机收损失偏高，不适宜机收籽粒作业。

(2) 地块零散 由于分田到户，导致种植作物、种植方式多样且互相冲突，不适宜大规模机收作业，作业效率低，机收损失偏高。

(3) 农机工业基础薄弱 玉米收获机械起步较晚，技术储备不足，收获机械多以水稻、小麦收获机械改装而来，性能差，质量和可靠性不足。今后应加快轴流式玉米籽粒联合收获机的研发推广。

(4) 烘干、贮藏设备不配套

176. 玉米机械化收获作业应注意哪些问题？

（1）玉米收获机在进行作业前要进行调试，要达到连接部位紧固，传动部位灵活，防护装置安全可靠，结合部位配合间隙调整适当，润滑部位要注油。

（2）在作业过程中出现超负荷时，应中断工作几分钟，让工作部件空运转，以便从工作部件中排除玉米穗、籽粒等。当工作部件堵塞时，应及时停机清除堵塞物。

（3）对行收获的收割机要根据玉米的实际行距进行调整，保证收割质量。

（4）随时检查玉米穗剥皮情况及秸秆粉碎质量、割茬高度等，必要时进行调整。注意观察收获地块玉米倒伏情况，根据倒伏程度调整割台高度。

177. 植保无人机飞防作业有什么优势？

视频 40 植保无人机飞防作业

（1）节本高效，综合费用比人工低，效率却是人工的 20～30 倍。

（2）省水省药，相比人工施药，至少节省 90%的水和 50%的农药。

（3）作物农药残留少，更绿色，更安全。

（4）适应面广，多种作物，多种地形都能进行作业。

（5）可进行大面积统防统治作业，全面防治病虫害，对粮食增产有着重大的意义（视频 40）。

178. 使用无人机飞防作业时，应注意哪些事项？

（1）做好防护 植保无人机操作手应穿戴遮阳帽、口罩、眼镜、防护服，还应戴上手套，避免手部沾染农药。配药人员应在穿戴防护设备齐全的前提下，按照二次稀释法的操作要求，在开阔的空间进行配药。

（2）使用飞防专用药剂

（3）做好飞前检查 起飞作业前要检查飞行器，确认遥控与电池电量充足，避免遥控器电量过低而失控，确认机臂与螺旋桨都已展开。

（4）保持安全距离 起飞作业时人员禁止处于植保无人机下方向，人员与作业中的植保无人机时刻保持 5 米以上安全距离；植保无人机在地面螺旋桨完全停转之后方可靠近；注意观察周边的电线杆、斜拉索、高压线，避免产生撞击；作业过程中，植保无人机螺旋桨高速旋转，具有一定的破坏力，操作手应随时与植保无人机保持安全距离。

（5）提前了解作业环境 应在无风时作业，作业时应距离敏感作物 10～15 米，避免产生药害，见彩图 110 - 1、彩图 110 - 2。

九、贮藏与加工

179. 玉米果穗贮藏要注意什么?

玉米果穗收获后，经晾晒可直接脱粒或者贮藏，农民贮藏果穗的方式有多种，如网篮贮藏、悬挂贮藏等，无论哪种贮藏方式，均要注意以下问题：

（1）适时晚收　条件允许情况下，适当推迟收获时间，以降低穗轴和籽粒含水量，尤其是脱水慢的品种。

（2）及时晾晒　收获后及时晾晒，以降低水分。贮藏前果穗要经过7～10天晾晒处理，经初步干燥后，使籽粒含水量降到20%以下。

（3）选择无病虫害果穗贮藏　贮藏前要进行挑选，选择无病虫害、成熟好、水分含量低的果穗贮藏。

（4）适地贮藏　选择通风、避雨、地势高燥的地方进行贮藏。

180. 玉米籽粒贮藏要注意什么?

（1）干燥降水　可采取暴晒或烘干处理，使籽粒含水量降到12.5%以下。

（2）除杂净粮　入库前，将成熟度差的籽粒、破碎粒、霉变粒、穗轴碎块等筛选出来，保证净粮入库。

（3）防治害虫　玉米在收获、晾晒过程中，常带有蛾蝶类害虫和象甲等甲虫类的幼虫和虫卵，可用过筛和熏蒸的方法除治。

（4）保证适宜的贮藏条件　①贮藏粮仓应具有防潮、隔热、密闭与通风、防虫和防鼠性能。②粮仓内的相对湿度控制在65%左右。③注意贮藏温湿度。通常水分含量低于13℃，温度不超过30℃，烘干的玉米籽粒入库贮藏温度不宜超过 50 ℃。

181. 怎样延长甜、糯玉米的保鲜贮藏时间?

(1)速冻冷藏保鲜 甜、糯玉米果穗采摘后，剥去苞叶，蒸煮 12 分钟左右，迅速放入冷水中冷却，沥净水后，每个果穗单独装入聚乙烯袋内，在−40～−30 ℃低温冷库内速冻 48 小时后，可在−10 ℃的冷库长期贮藏。

(2)冷藏保鲜 将新鲜果穗于冰水中浸泡 10 分钟，密封在 0 ℃条件下贮藏，保鲜期可达 8～15 天。控制冷库中氧气含量 2%～4%，二氧化碳含量 10%～20%，贮藏期可延长到 3 周。

(3)保鲜剂保鲜 经常使用的保鲜剂有保鲜灵、乙烯抑制剂、CT5 号、保鲜剂 A 和蔗糖酯等。工艺流程为：原料采收，预处理（去苞叶、穗须，分级整理，清洗，打孔），预煮（于 93 ℃蒸煮 10～15 分钟。可在预煮液中加入适量的食盐、焦亚硫酸钠和柠檬酸进行同步护色处理），保鲜液浸泡（由保鲜剂、植酸、蛋白糖、维生素 C 和氯化钙等配制的保鲜液中，于 60 ℃保温浸泡 30 分钟），真空封口，杀菌（沸水浴 15 分钟），整形，冷却，保温检验，成品。

182. 低温储粮对于粮食品质保持有何益处?

低温储粮食可大大避免因为较高温而使粮食发热，产生虫害、霉变等情况的发生，是目前应用较多的绿色储粮方式。低温贮藏使粮食生物体处于代谢较低的状态，可抑制高水分粮食品质的陈化，抑制霉菌的产生和增殖、减弱害虫活动能力，甚至终止其繁殖，避免粮食遭受虫霉伤害。因此，低温储粮提升了粮食品质和货架期，也避免了较频繁地使用化学药物杀虫，减轻保粮人员的工作量，避免了对人体的伤害，同时减少了对生态环境的污染。低温贮藏降低温度的方式主要是自然通风降温或机械（通风机和谷物冷却机）通风降温。采用必要低温隔热、保温处理等途径也可实现粮食降温。

183. 玉米霉变籽粒有什么危害?

玉米霉变后会被霉菌代谢产物——霉菌毒素污染，霉菌毒素主要有黄曲霉菌、赤霉烯酮、伏马霉素、呕吐霉素及赭曲霉毒素等。这些毒素可导致动物肝功能下降，免疫力降低，消化系统功能紊乱、生育能力降低，猪肺水肿和生殖系统疾病。人畜摄入了被呕吐霉素污染的食物、饲料后，会导致厌食、呕吐、腹泻、发烧、站立不稳、反应迟钝等急性中毒症状，严重时损害造血系统造成死亡；黄曲霉毒素 B_1 是诱发人类肝癌的重要原因，伏马毒素可导致人类食道癌。因此霉变玉米（彩图 111－1）切不可做饲料和人类食物，应腐熟为有机肥或填埋处理。

184. 玉米能加工哪些产品？深加工产品有哪些？

玉米是世界上最重要的食粮之一，玉米的营养成分优于稻米、薯类等，缺点是颗粒大、食味差、黏性小。随着玉米加工工业的发展，玉米的食用品质不断改善，形成了种类多样的玉米食品，使其变成一个新的食物，增加玉米的价值。玉米可加工的产品有：玉米油、玉米粉、爆玉米花、玉米片、速冻玉米粒、玉米啤酒、玉米蛋白饮料、玉米年糕、玉米花生薄饼、玉米原浆饮料、淀粉、火腿肠制品等。

（1）玉米油 玉米油是玉米加工的产品之一，我国的玉米含油率一般在 3.5%～4%左右，而高含油玉米的含油率可达 7.2%～10%。在玉米深加工过程中生产的玉米油，可再进一步加工成玉米色拉油，可以使玉米增值。玉米油是一种值得大力推广的食用保健植物油，它的不饱和脂肪酸含量高达 85%以上，主要有油酸和亚油酸，吸收率达 97%以上，是一种很好的功能性保健食品。

（2）特制玉米粉和胚粉 玉米籽粒脂肪含量较高，在贮藏过程中会因脂肪氧化作用产生不良味道。经加工而成的特制玉米粉，含油量降低到 1%以下，可改善食用品质，粒度较细，适于与小麦面粉掺和作各种面食。由于富含蛋白质和较多的维生素，添加制成的食品营养价值高，是儿童和老年人的食用佳品。

（3）膨化食品 玉米膨化食品是 20 世纪 70 年代以来兴起而迅速盛行的方便食品，具有疏松多孔、结构均匀、质地柔软的特点，不仅色、香、味俱佳，而且提高了营养价值和食品消化率。

（4）玉米片 玉米片是一种快餐食品，便于携带，保存时间长，既可直接食用，又可制作其他食品，还可采用不同佐料制成各种风味的方便食品，用水、奶、汤冲泡即可食用。

（5）甜玉米 可用来充当蔬菜或鲜食，加工产品包括整穗速冻、籽粒速冻、罐头三种。

（6）玉米啤酒 因玉米蛋白质含量与稻米接近而低于大麦，而淀粉含量与稻米接近而高于大麦，故为比较理想的啤酒生产原料。

玉米深加工产品主要有玉米蛋白粉、变性淀粉、玉米淀粉糖、食用酒精、燃料乙醇、谷氨酸、赖氨酸、聚乳酸、木糖醇、化工醇、蛋白饲料、纤维饲料等数千个品种，玉米深加工产品广泛应用于纺织、汽车、食品、医药、材料等行业。随着加工层次的不断加深，形成玉米经济系统。

（1）玉米蛋白粉 一般是采用提纯的大豆蛋白、酪蛋白、乳清蛋白（缺乏异亮氨酸）、豌豆蛋白等蛋白，或上述几种蛋白的复合加工制成的富含蛋白质的粉末，其用途是为缺乏蛋白质的人补充蛋白质，也可作为功能添加剂用于食品工业生产中。

（2）变性淀粉 为改善淀粉的性能、扩大其应用范围，利用物理、化学或酶法处理，在淀粉分子上引入新的官能团或改变淀粉分子大小和淀粉颗粒性质，从而改变淀粉的天然特性（如糊化温度、热黏度及其稳定性、冻融稳定性、凝胶力、成膜性、透明性等），使其更适合于一定应用的要求。这种经过二次加工，改变性质的淀粉统称为变性淀粉。

（3）玉米淀粉糖 利用含淀粉的粮食、薯类等为原料，经过酸法、酸酶法或酶法制取的糖，包括麦芽糖、葡萄糖、果葡糖浆等，统称淀粉糖。淀粉糖在我国有悠久的历史，在公元500多年的《齐民要术》中就提到糖，而且详细地描述了用大米制糖方法。

（4）食用酒精 又称发酵性蒸馏酒，主要是利用薯类、谷物类、糖类作为原料经过蒸煮、糖化、发酵等处理而得的供食品工业使用的含水酒精，其风味特色分为色、香、味、体四个部分，也就是指蒸馏酒中醛、酸、酯、醇这四大主要杂质的含量，不同的口味和气体会使蒸馏酒的风味不同。

（5）燃料乙醇 一般是指体积浓度达到99.5%以上的无水乙醇。燃料乙醇是燃烧清洁的高辛烷值燃料，是可再生能源。乙醇不仅是优良的燃料，它还是优良的燃油品改善剂。其优良特性表现为：乙醇是燃油的增氧剂，使汽油增加内氧充分燃烧，达到节能和环保的目的；乙醇还可以经济有效地降低芳烃、烯烃含量，即降低炼油厂的改造费用，达到新汽油标准。

185. 传统玉米制粉加工都有哪些工艺?

传统玉米制粉的目的是得到高品质玉米糁或玉米粉，用作食用加工原料或工业加工原料，常见工艺主要有全籽粒直接粉碎法（全粒法）和玉米提胚后粉碎法（玉米提胚法）。

全粒法，即将整粒玉米使用锤片式粉碎机粉碎，多被应用于国内的酒精厂，这种粉碎工艺获得的玉米粉不宜作为食品加工原料，一般用于发酵工业。

玉米提胚法，即通过脱胚机处理，摩擦去掉玉米皮层，使玉米胚掉落、分离开，将所得玉米胚乳经辊式磨粉机加工成理想粒度的粗粒或玉米粉。主要工序包括：清理→水分调节→脱皮→脱胚→磨粉。

其中，脱皮、脱胚是玉米干法制粉的关键。脱皮有干法和湿法两种，后者主要用于秋季刚收购的高水分玉米。脱胚提胚工艺有完全干法、半湿法、湿法，三种方式差异主要在于玉米清理程度和水分调节水平的高低。干法采用撞击式脱胚机进行脱胚，提胚工艺简单，后期不必对玉米胚及其他产品进行干燥，能耗少，但提胚效率低且胚中含有淀粉高；湿法采用破糁脱胚机，所得玉米胚及玉米皮需要烘干，因此增加了能耗，生产成本高；半湿法提胚效率高，能耗较低，污染少且投资成本较低。

186. 膨化玉米粉是如何加工的?

膨化玉米粉是将优质玉米经高温、高压挤压膨化，再经深加工而制成的粉状产品。主要加工工艺为：玉米原料选取→清理→剥皮→破碎→提胚→精制→膨化→粉碎。

原料选取：多选用黄色或白色玉米，严格控制杂质含量和水分含量（杂质≤3%，水分≤14%），且无霉变等变质问题。

清理：主要目的是去除金属物质、石子、泥块等杂质，并用孔径

6 毫米的筛子过筛，去掉小颗粒玉米和泥土。

剥皮：经脱胚机摩擦去掉玉米皮层，使玉米胚掉落、分离开。

破碎：采用粉碎机将玉米粒粉碎为一定粒度的颗粒，大小一般为 1.5～3 毫米，不宜太大。

提胚：采用组合式风筛、提胚机提取胚芽或采用振动筛分离出胚芽。

精制：通过砂辊米机对分离出的玉米粒进行精制，进一步磨成粒度更细的玉米粉，要求玉米粉中不含有玉米皮和玉米胚。

膨化：采用螺杆挤压机将玉米粉进行膨化，膨化前先将玉米粉进行调质处理，使水分含量达到 16%左右。

粉碎：将膨化后的玉米粉块小颗粒经磨粉机磨碎，经筛分即得到膨化玉米粉。

187. 玉米淀粉是如何加工的?

玉米中淀粉含量高达 70%以上，且价格低廉，被视为生产淀粉的理想原料。玉米淀粉的主要加工工艺为：玉米清理→浸泡→脱胚→胚体胚芽分离→细磨→淀粉浆→淀粉分离→脱水→烘干。

清理：选用干净、无霉烂、含水量小于 14%的玉米为原料，用三层振荡筛振荡筛选，去掉尘土和杂质，使玉米粒的净度达到 98.5%以上。

浸泡：先用清水将玉米籽粒冲洗干净，再入池浸泡 72 小时，浸泡水中加入适量的亚硫酸钠（约 0.2%），促进软化。

脱胚：将软化的玉米粒送入立磨中进行粉碎，使玉米胚和胚乳分离，再将胚乳送入卧磨粉碎成浆。

淀粉分离：将玉米胚浆及时送入流板沉淀 4 小时，得到湿玉米淀粉。剩下的黄浆可用作提取蛋白。

烘干包装：将湿淀粉送入刮刀式烘干机上，烘烤 4 小时左右即得干淀粉。

188. 玉米淀粉糖是如何生产的?

玉米淀粉糖是以玉米淀粉为原料，经过酸法、酶法或酸酶法制备的糖类物质，主要有液体葡萄糖、结晶葡萄糖、麦芽糖浆、麦芽糊精、果葡糖浆等。

液体葡萄糖生产工艺流程：玉米淀粉调浆→糖化→脱色→过滤→离子交换→结晶→浓缩。

结晶葡萄糖生产工艺流程：玉米淀粉调浆→糖化→脱色→过滤→离子交换→结晶→离心分离→干燥→结晶葡萄糖（结晶固化）→浓缩（干燥）→喷雾干燥（粉碎）。

麦芽糖浆生产工艺流程：玉米淀粉调浆→液化→糖化→过滤→浓缩。

麦芽糊精工艺流程：玉米淀粉调浆→液化→灭酶→脱色过滤→真空浓缩→喷雾干燥。

果葡糖浆工艺流程：玉米淀粉调浆→液化→糖化→脱色过滤→离子交换→异构化→脱色过滤→离子交换→浓缩→制备42%果葡糖浆→吸附分离→获得90%果葡糖浆。

189. 以玉米为原料可加工哪些变性淀粉?

以玉米为原料可加工的变性淀粉有：玉米热液处理淀粉、氧化淀粉、醋酸酯淀粉、交联和羟丙基改性淀粉等。

玉米热液处理淀粉：指在过量或中等水存在情况下（含水量≥40%），在一定的温度范围（高于玻璃化转变温度但低于糊化温度）处理淀粉的一种物理方法。热液处理的过程只涉及水和热，没有使用有机溶剂和化学试剂，纯天然无污染，是一种绿色的淀粉改性方法。

玉米氧化淀粉：淀粉在酸、碱或中性介质中与氧化剂作用而生成的产品，通常使用的氧化剂为次氯酸钠和次氯酸钙。淀粉经氧化处理后，淀粉糊黏度降低，流动性高，透明度增加，凝沉性较弱，表现出良好流动性、成膜性。

玉米醋酸酯淀粉：淀粉于水相体系碱性条件下与醋酸酐作用而生产的一种变性淀粉，是变性淀粉的重要类型，在食品中的主要用途是增稠。此类淀粉对酸、碱、热稳定性好，透明度高，凝沉性低。

玉米交联和羟丙基改性淀粉：交联和羟丙基改性是淀粉化学改性的重要方法，但是用交联和羟丙基改性无法兼顾黏度稳定性和冻融稳定性，两种改性方法结合起来得到的复合改性淀粉兼具黏度稳定性和冻融稳定性。

190. 玉米加工副产物综合利用状况如何？

玉米加工具有较多的副产物，包括胚芽、玉米浆、玉米皮、麸质、玉米芯。

胚芽是玉米淀粉及酒精工业的副产物，其中脂肪含量高达40%～50%（按干物质计），是一种丰富的油料资源。玉米胚芽油，其脂肪酸组成中80%以上是油酸、亚油酸和亚麻酸等不饱和脂肪酸，不含胆固醇，且富含维生素 E，具有防止动脉粥样硬化病变和抗衰老作用，具有较高营养价值；榨取胚芽油得到的糠饼可用作饲料。脱脂玉米胚中植酸含量达3%～6%，也是制备植酸的良好原料。

玉米浆可作为发酵培养基用于抗生素和味精等的生产，还可用于饲料蛋白、菲丁及肌醇的制取。

玉米皮是玉米籽粒的种皮部分，是膳食纤维的良好来源，也常常用作生产酒精或柠檬酸的原料，还可用于生产饲料。

麸质是玉米湿法生产淀粉过程中淀粉乳经分离机分离出的沉淀物。目前对玉米麸质的利用主要是制备醇溶蛋白和活性肽。

玉米芯纤维素占32%～36%，多缩戊糖占35%～40%，木质素占25%，是用途广泛的可再生资源，可用其制备木糖醇和乳酸。

191. 玉米秸秆都有哪些用途？

玉米秸秆除了用于饲料和秸秆还田以外，还可以通过挤压成块（彩图112-1），作为生物质发电的原料或干饲料贮藏（视频41）。每吨玉米秸秆可产电约700度，现在有些玉米产区已经建成以玉米秸秆为主要原料的生物质热电厂。玉米秸秆还可进行沼气发酵产生热能，替代煤和电，为农村做饭和取暖提供能源。玉米秸秆还是人造板材、制浆造纸、培养蘑菇和玉米秸秆工艺品的原料。目前，国内外许多科研单位在研究以玉米秸秆为原料生产燃料乙醇，代替部分汽油。

视频41
玉米秸秆利用

192. 玉米全株青贮应注意什么？

(1) 适时收割全株玉米　青贮原料的含水量在65%～70%时制作的青贮玉米质量最佳，即在乳熟期至蜡熟期，籽粒含水分43%～60%，其顶部出现凹陷的时期（彩图113-1）。

(2) 秆要切短　秸秆越短越有利于乳酸菌的繁殖，越有利于青贮发酵，一般建议制作青贮的玉米切成1～2厘米左右。

(3) 装池要及时　装池时，应逐层装入，速度要快，并且压实，尤其注意边缘和四角，只有压实才能将空气排出，有利于乳酸菌的活动和繁殖。

(4) 封窖、打包要严密　原料装完后必须及时封闭，隔绝空气。窖装满后应立即修整（原料高出地面1米左右），压实后覆盖薄膜然后马上压土封窖。封窖一般分两次进行，第一次在窖装满后立即进行，第二次隔5～7天再进行。

打包青贮（彩图113-2）选择的包裹材料密闭性要好，没有破损孔洞；装卸青贮包时要注意避免尖锐物体划破包装漏气。见视频42。

视频42
玉米全株青贮

彩图 1-1　播种期

彩图 1-2　出苗期

彩图 1-3　拔节期

彩图 1-4　大喇叭口期

彩图 1-5　抽雄期

彩图 1-6　吐丝期

彩图 1-7　籽粒形成期

彩图 1-8　乳熟期

彩图 1-9　蜡熟期

彩图 1-10　完熟期

彩图 2-1　雌雄同株

彩图 2-2　雄穗完全抽出

彩图 2-3　主花枝顶部开始散粉　彩图 2-4　分枝顶部散粉

彩图 2-5　雄穗花枝全部散粉

彩图 2-6　花丝抽出

彩图 2-7　部分花丝授粉变紫色

彩图 2-8　全部花丝授粉变紫色

彩图2-9　花丝授粉后逐渐干枯

彩图3-1　棒三叶

彩图4-1　秸秆还田

彩图4-2　玉米秸秆还田地块播种玉米

彩图5-1　夏玉米免耕直播

彩图6-1　玉米等行距播种

彩图6-2　玉米大小行播种

彩图7-1　同一地块玉米行向不同

彩图8-1　春玉米地膜覆盖

彩图8-2　鲜食玉米近地表地膜覆盖

彩图8-3　鲜食玉米地膜小拱棚种植

彩图9-1　简易耘锄中耕

彩图9-2　中耕除草

彩图 10 - 1　不同品种抗旱性不同

彩图 11 - 1　新陈种子外观对比

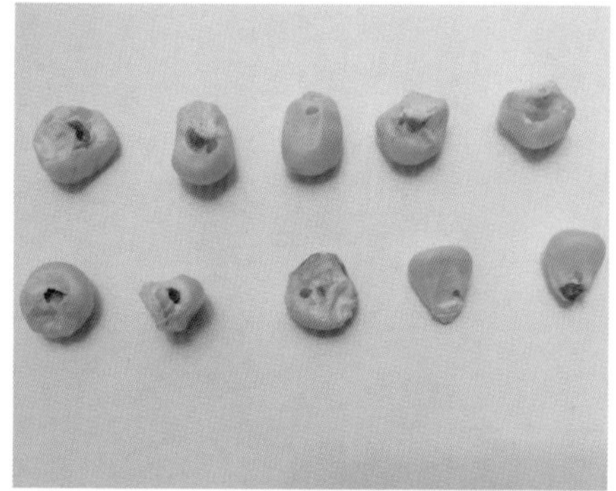

彩图 11 - 2　陈种子被虫蛀成孔

彩图 12 - 1　假种子雄穗不一致

彩图 13 - 1　名称标识为玉满轴，
实为吉祥 1 号

彩图 13－2　品种名称黄白杂交大粒王

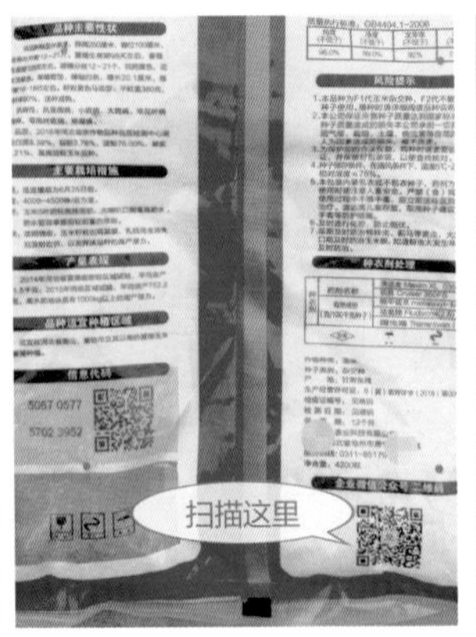

彩图 13－3　二维码扫描

彩图 14－1　国审品种

彩图 14－2　省审品种

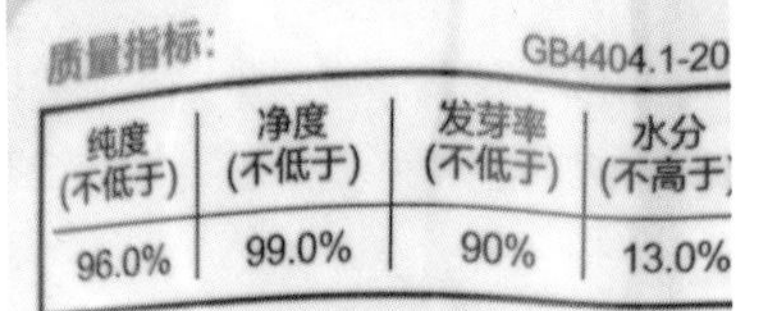
质量指标：　GB4404.1-20

纯度(不低于)	净度(不低于)	发芽率(不低于)	水分(不高于
96.0%	99.0%	90%	13.0%

彩图 14－3　引种品种

彩图 15－1　叶片平展稀植大穗型玉米

彩图 15－2　株型紧凑密植型玉米

彩图 16－1　不同颜色的穗轴

彩图 17-1　花药青白色

彩图 17-2　花药紫色

彩图 18-1　缺　行

彩图 18-2　缺粒引起乱行

彩图 18-3　果穗扁粒圆粒对比

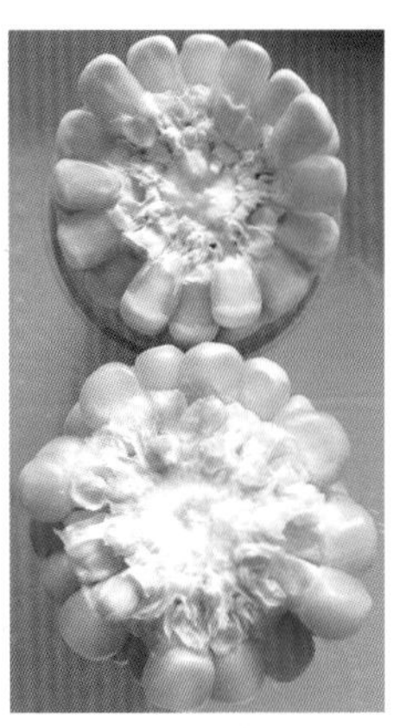

彩图 18-4　切面扁粒圆粒对比

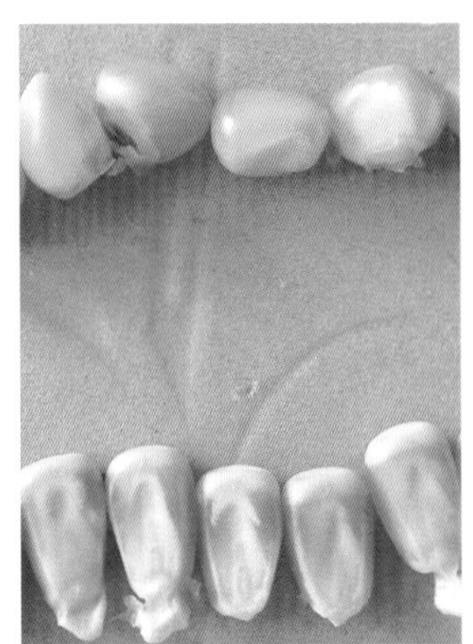

彩图 18-5　籽粒圆粒扁粒对比

彩图 19-1　边行玉米苞叶上长小叶，长势喜人

彩图 19-2　苞叶上小叶过长可能影响玉米授粉

彩图 20－1　夏玉米穗（上）与春玉米穗（下）

彩图 20－2　种植密度过大引起秃尖穗小

彩图 21－1　多彩玉米穗

彩图 22－1　双尖玉米

彩图 22－2　三尖玉米

彩图 22－3　畸形尖玉米

彩图 22－4　双胞胎玉米

彩图 23－1　玉米籽粒尖端黑色层

彩图 24－1　小厂家包衣种子，种子包衣不均匀

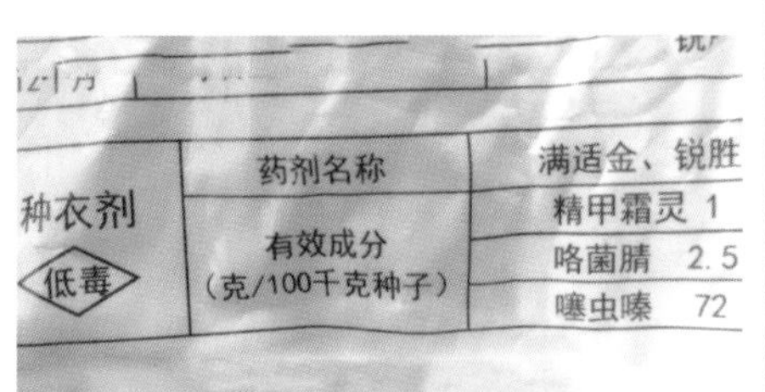

彩图 24－2　正规大厂家使用的种衣剂成分全

彩图 24－3　正规厂家包衣种子包衣均匀

彩图 25－1　播种时墒情不足引起缺苗断垄

彩图 25－2　化肥烧苗而不能正常出苗

彩图 25-3　化肥烧种未发芽

彩图 25-4　播种机漏播

彩图 25-5　破除硬土层后畸形芽

彩图 25-6　播种过深不能出苗

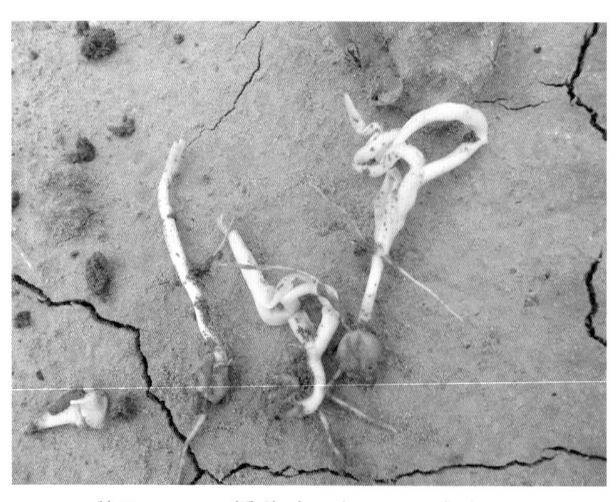

彩图 25-7　播种过深在土里形成畸形芽

彩图 26-1　D形苗

彩图 26-2　乙·莠·滴丁酯危害状

彩图 26-3　乙·莠·滴丁酯危害状（刚出苗）

彩图 26-4　秃尖幼苗（害虫危害）

彩图 26-5　泥沙淤积引起畸形苗

彩图 27-1　移栽时浇水

彩图 28-1　蓟马危害引起的卷心

彩图 28 - 2　水涝引起的玉米卷心

彩图 28 - 3　2 钾 4 氯钠盐药害引起的卷心

彩图 28 - 4　氯氟吡氧乙酸异辛酯药害引起的卷心

彩图 28 - 5　杀虫剂药害导致玉米卷心

彩图 28 - 6　顶腐病引起玉米卷心

彩图 29 - 1　甜玉米的分蘖

彩图 29-2　低温引起的分蘖

彩图 29-3　玉米基部形成的分蘖与主茎一样

彩图 30-1　株高 0.5 米（正常人膝盖高）喷施化控剂

彩图 30-2　株高 1 米（正常人胯部高）喷施化控剂

彩图 31-1　拔节期化控受害后田间症状

彩图 31-2　大喇叭口期化控受害后田间症状

彩图 31-3　雄穗化控受害后肉质化

彩图 31-4　上茬甘薯田残留化控剂药害症状

彩图 31-5　受化控剂残留药害植株与正常植株对比

彩图 32-1　玉米高节位着生气生根

彩图 33-1　灌浆过快引起红叶

彩图 33-2　大麦黄矮病毒危害导致红叶

彩图 33-3　发生红叶病的玉米穗

彩图 33-4　玉米螟危害引起红叶

彩图 33-5　玉米缺磷引起红叶

彩图 34-1　典型香蕉穗

彩图 34-2　形似茎秆的果穗柄

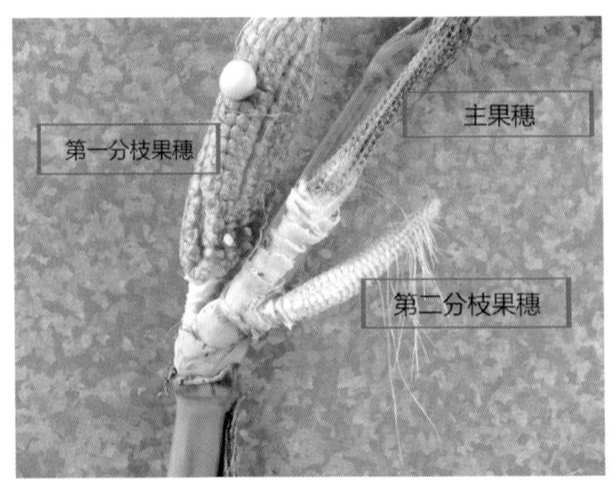

彩图 34-3　主果穗腐烂，产生两个分枝果穗

彩图 34-4　钻心虫危害诱发香蕉穗

彩图 35-1　三果穗同时受粉

彩图 35-2　肥水条件好引发多穗形成

彩图 35-3　大穗品种种植密度高引发多穗

彩图 35-4　玉米粗缩病引发多穗

彩图 36-1　雌穗长在植株顶部

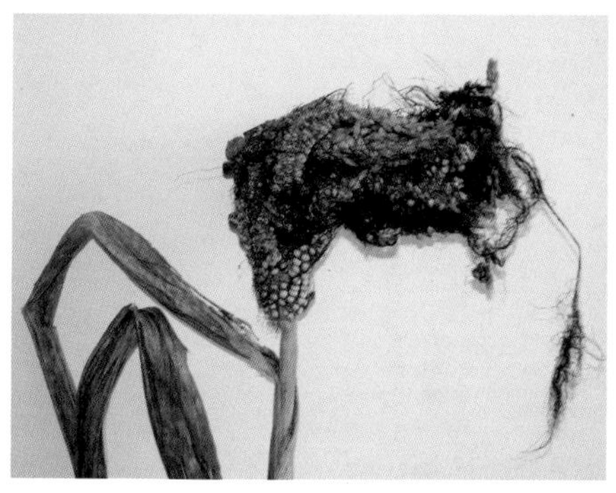
彩图 36-2　雄穗花枝上长玉米粒

彩图 36-3　雌穗上长花枝

彩图 36-4　雌穗顶端未退化雄穗分枝

彩图 37-1　植株中部果穗部位基本无果穗

彩图 37-2 果穗秕小无籽粒

彩图 37-3 玉米蚜危害，果穗秕小

彩图 37-4 雌穗花丝抽不出引起空穗

彩图 38-1 雌穗顶部没能受粉形成秃尖

彩图 38-2 光合产物不足形成假秃尖

彩图 38-3 满天星

彩图 38-4 空怀儿穗

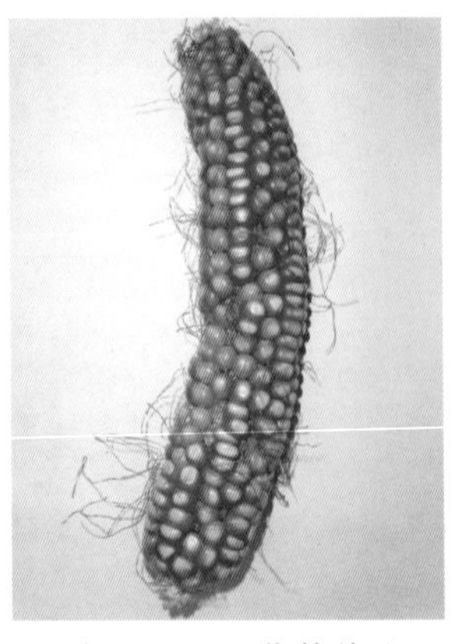

彩图 38-5 佝偻穗儿

彩图 38-6　半个瓢

彩图 38-7　不良气候引起棒槌棒

彩图 38-8　病害引起棒槌棒

彩图 38-9　穗根部缺粒

彩图 38-10　籽粒封顶

彩图 38-11　果穗中部秕粒

彩图 39-1　玉米籽粒发芽

彩图 39-2　穗腐病引起发芽

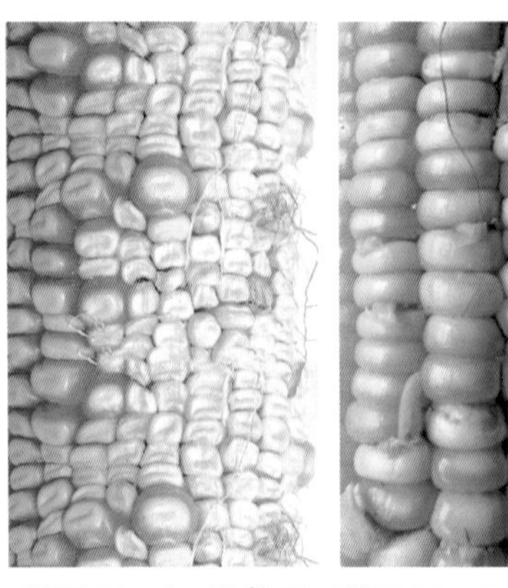

彩图 39-3　秕粒玉米发芽　彩图 39-4　硬粒型玉米发芽

彩图 40-1　果穗苞叶变白，苞叶松散

彩图 40-2　籽粒乳线消失，坚硬，呈现固有光泽

彩图 41-1　果穗苞叶青绿

彩图 41-2　籽粒膨大

彩图 41-3　籽粒挤压多汁

彩图 42-1　高氮追肥集中表面撒施

彩图 42－2　撒施肥料没有完全溶解，在土壤表面形成白色肥痕

彩图 42－3　撒施尿素没有溶解，形成白色板结壳

彩图 43－1　控释掺混肥料控释氮不能低于 8%

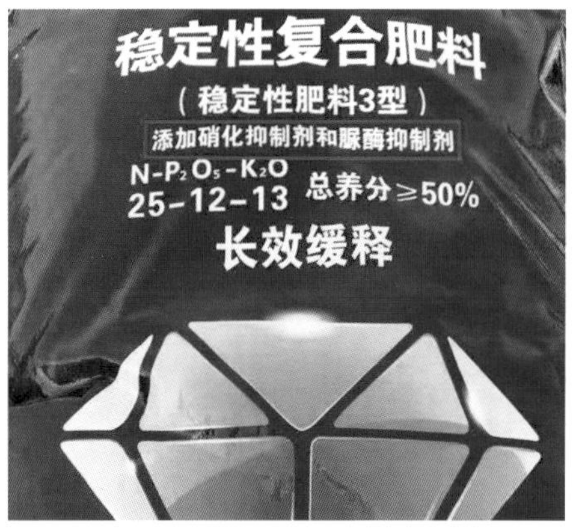

彩图 43－2　稳定性肥料要标明添加稳定剂名称

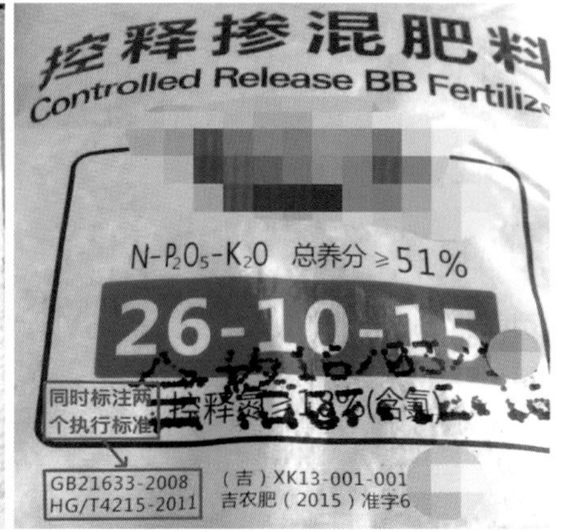

彩图 43－3　稳定性复合肥料和控释掺混肥料要同时标明两个标准

彩图 44－1　隔离不清烧苗

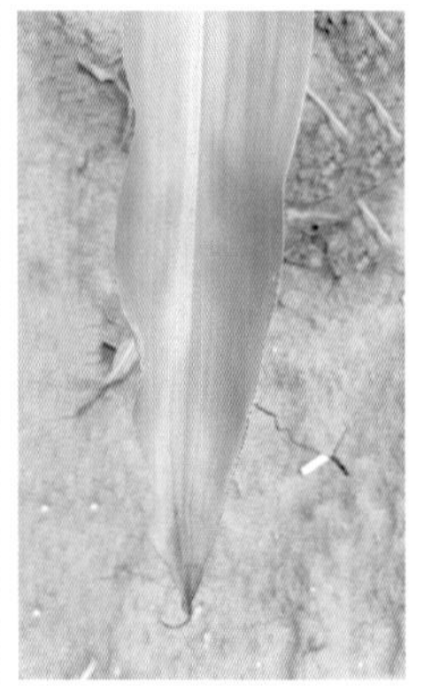

彩图 45－1　缺氮，叶片 V 形黄化

彩图 45－2　缺氮，叶片沿中脉楔形黄化

彩图 45－3　缺氮田间症状

彩图 46－1　缺磷植株

彩图 46－2　缺磷田间症状

彩图 47－1　缺钾植株

彩图 47－2　缺钾田间症状

彩图 47－3　疑似缺钾的移栽苗叶片

彩图 47－4　缺钾症（疑似根腐病）

彩图 48－1　碳酸氢铵肥害叶背面（左）和叶正面（右）症状

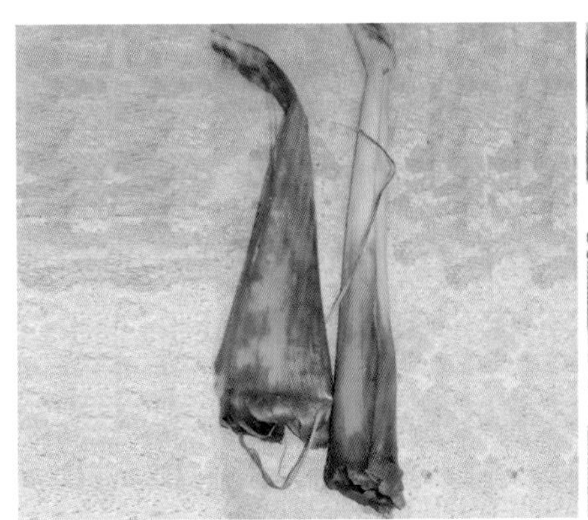

彩图 48－2　碳酸氢铵肥害致茎基部叶鞘油渍状（左）、脉间组织脱落（右）

彩图 49－1　地膜玉米铺设滴灌管

彩图 50－1　根腐病苗

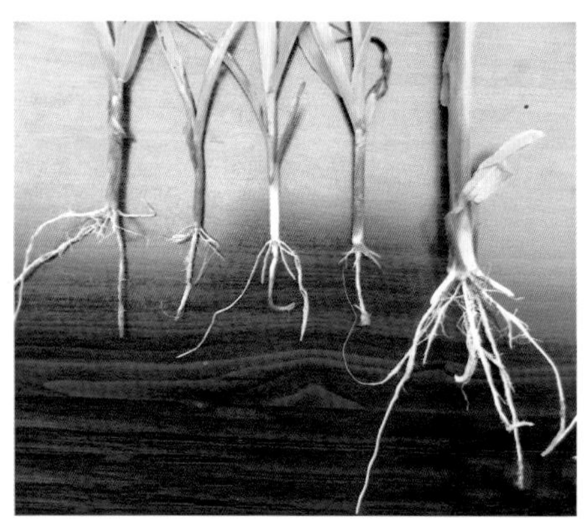

彩图 50－2　根腐病苗根部与健壮苗根部对比

彩图 50－3　根腐病田间症状

彩图 51－1　苗期矮花叶病

彩图 51－2　叶片褪绿部分形成“绿岛”

彩图 51－3　形成黄绿相间条纹

彩图 52-1　粗缩病病株（大喇叭口期）

彩图 52-2　粗缩病病株（灌浆期）

彩图 52-3　粗缩病田间症状（抽雄期）

彩图 52-4　粗缩病危害雄穗致其肉质化

彩图 52-5　粗缩病典型植株

彩图 52-6　叶片背面有白色蜡泪状突起

彩图 53-1　顶腐病顶部叶片呈长鞭状

彩图 53-2　顶腐病后期田间危害症状

彩图 53-3　顶腐病导致雄穗腐烂

彩图 53-4　顶部叶片成弓状

彩图 53-5　叶片呈撕裂状

彩图 53-6　撕除了腐烂包裹叶片，雄穗已抽出

彩图 53-7　药害引起心叶腐烂变臭

彩图 54-1　病株与健株对比

彩图 54-2　腐霉菌根腐髓部呈湿腐状

彩图 54-3　镰刀菌根腐髓部变红呈干腐状

彩图 54-4　品种不同抗病性不同

彩图 55-1　纹枯病危害叶鞘

彩图 55-2　纹枯病危害苞叶

彩图 55-3　纹枯病危害茎秆

彩图 55-4　纹枯病黑褐色菌核

彩图 56-1　南方锈病侵染叶鞘

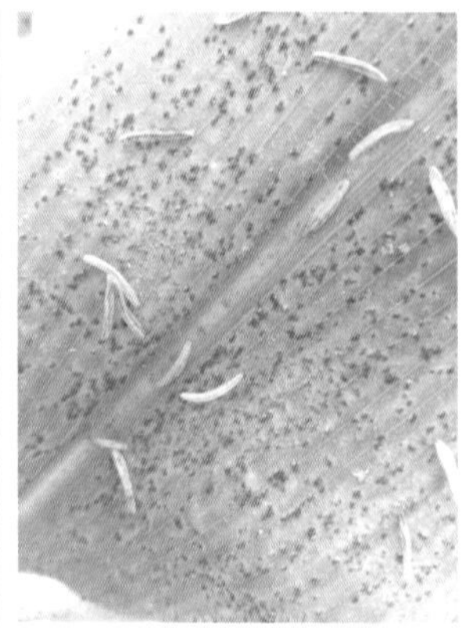
彩图 56-2　南方锈病侵染叶片

彩图 56-3　南方锈病田间症状

彩图 56-4　不同品种抗病性不同

彩图 57-1　细菌性叶斑病侵染叶片

彩图 58-1　大斑病长梭形条斑

彩图 58-2　大斑病病斑上黑色霉层

彩图 58－3　大斑病中期症状

彩图 58－4　大斑病田间症状

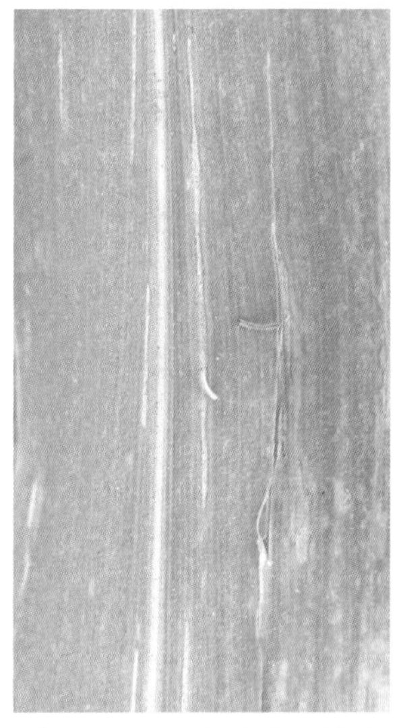

彩图 58－5　大斑病在抗病品种上的表现

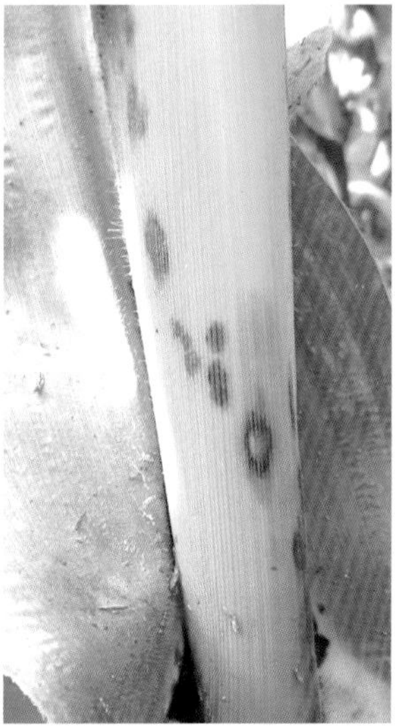

彩图 59－1　小斑病侵染茎秆

彩图 59－2　小斑病病叶

彩图 59－3　小斑病梭形病斑

彩图 59－4　小斑病条形病斑

彩图 59－5　小斑病点状病斑

彩图 60－1　灰斑病

彩图 60－2　灰斑病田间症状

彩图 60－3　小斑病引起条形斑，疑似灰斑病

彩图 61－1　弯孢霉叶斑病初期症状

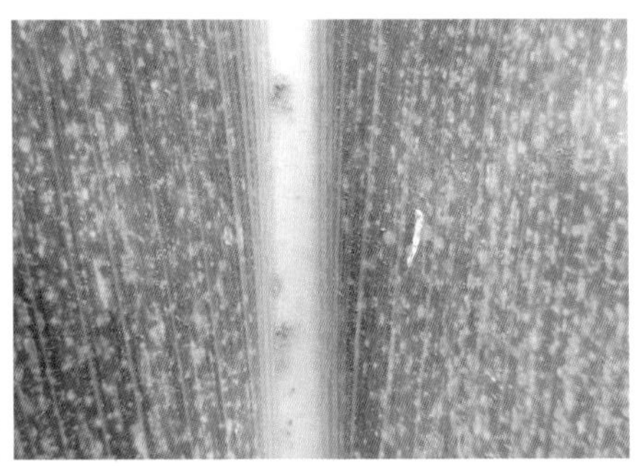

彩图 61－2　弯孢霉叶斑病中期症状

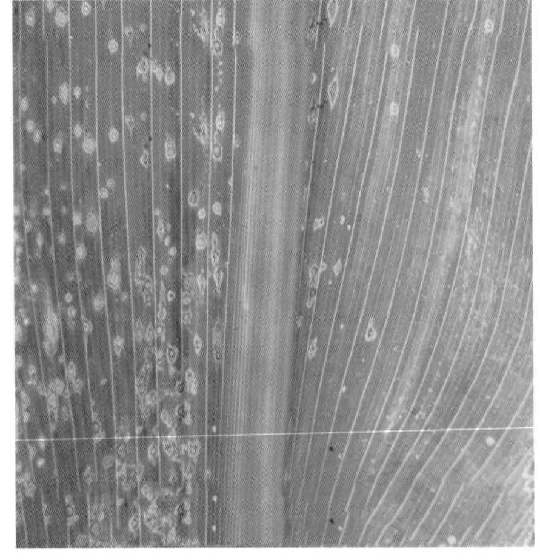

彩图 61－3　弯孢霉叶斑病典型症状

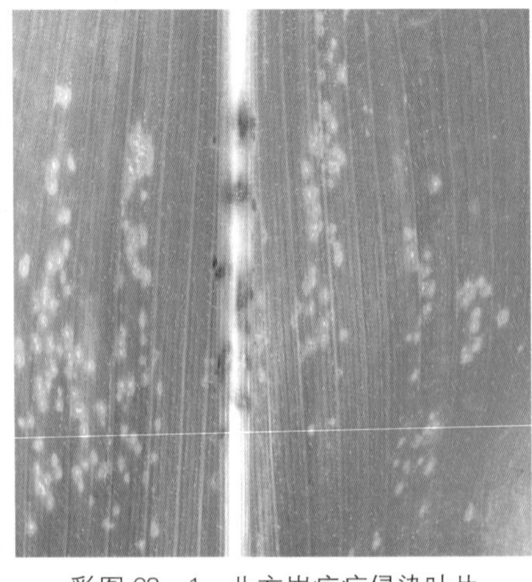

彩图 62－1　北方炭疽病侵染叶片

彩图 63-1 褐斑病侵染叶片

彩图 63-2 褐斑病侵染茎秆

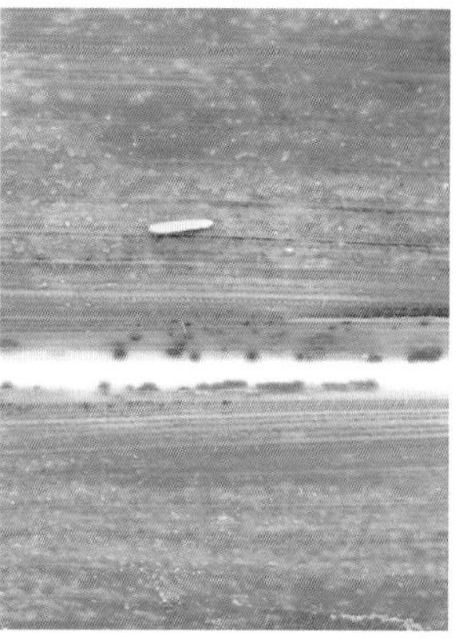

彩图 63-3 北方炭疽病侵染叶片中脉

彩图 63-4 弯孢霉叶斑病侵染叶片

彩图 63-5 褐斑病侵染叶片

彩图 64-1 玉米丝黑穗病侵染果穗

彩图 65-1 瘤黑粉侵染气生根

彩图 65-2 瘤黑粉侵染茎秆

彩图 65-3 瘤黑粉侵染叶鞘

彩图 65－4　瘤黑粉侵染叶片

彩图 65－5　瘤黑粉侵染雄穗

彩图 65－6　雄穗长成蛇状肿瘤

彩图 65－7　瘤黑粉侵染雌穗

彩图 65－8　瘤黑粉侵染茎秆

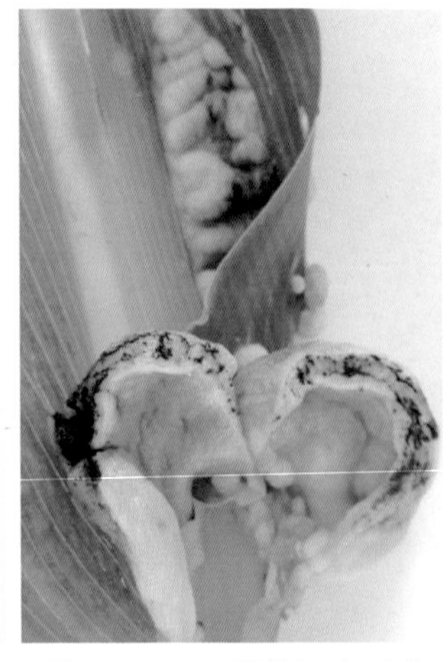

彩图 65－9　黑粉初步形成

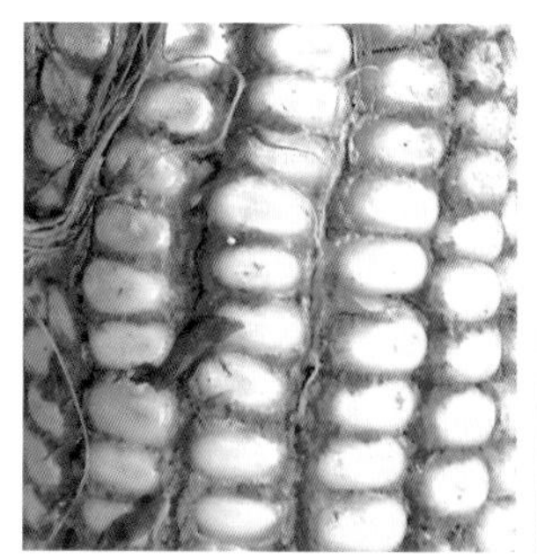

彩图 66-1 绿霉引起的穗腐病

彩图 66-2 白霉引起的穗腐病

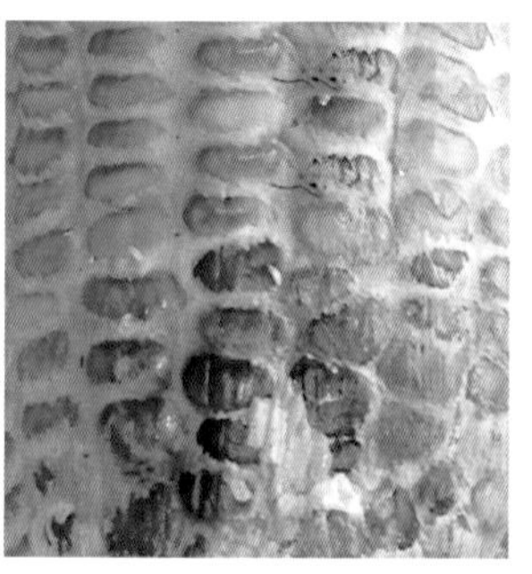

彩图 66-3 红霉引起的穗腐病

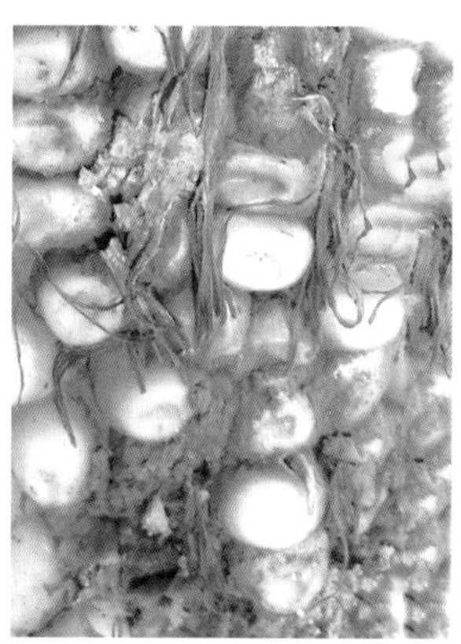

彩图 66-4 青霉引起的穗腐病

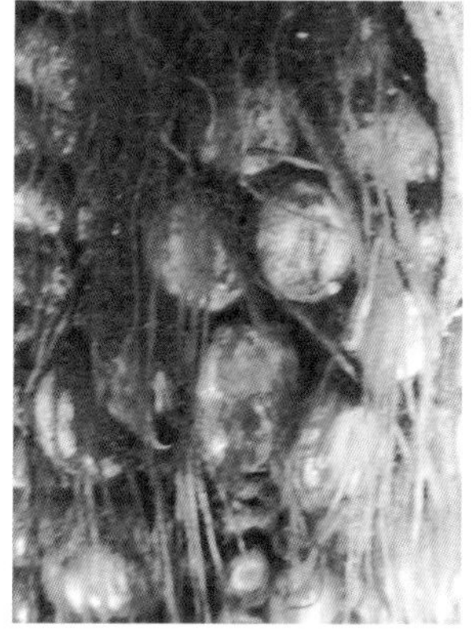

彩图 66-5 黑霉引起的穗腐病

彩图 66-6 穗尖腐烂着生黑色霉层

彩图 67-1 矮化病病株

彩图 67-2 叶片呈黄绿相间条纹

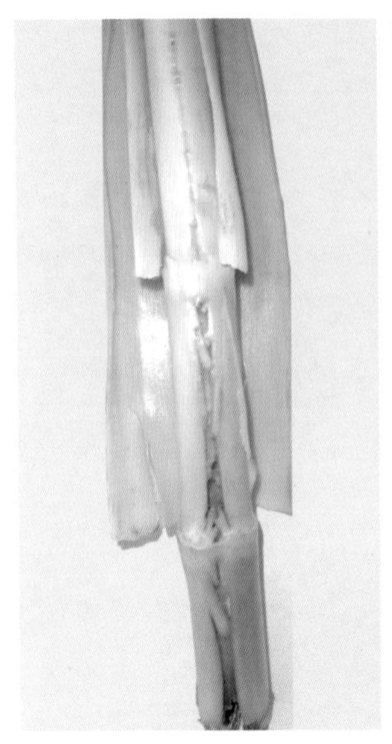

彩图 67-3　发病初期，茎秆上有新鲜的条带状伤口

彩图 67-4　发病中后期伤口似“虫道”

彩图 67-5　病茎纵剖面

彩图 67-6　发病初期茎基部有缝状坏死

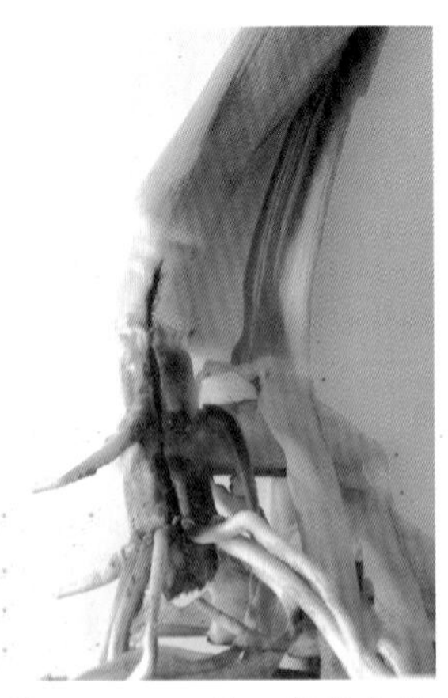

彩图 67-7　伤口类似虫蛀

彩图 67-8　新叶叶片卷曲

彩图 67－9　叶片丛生

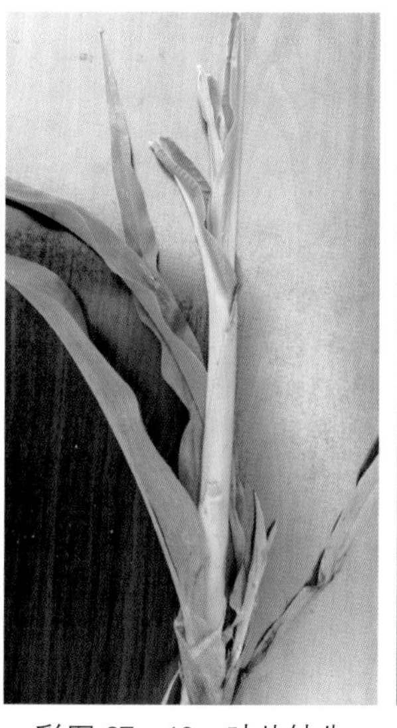

彩图 67－10　叶片缺失呈钝圆状

彩图 67－11　新叶叶片边缘呈锯齿状

彩图 68－1　蓟马危害叶片呈白色透明薄膜状

彩图 68－2　蓟马危害形成的花叶苗

彩图 68－3　幼苗期“牛尾巴苗”

彩图 68－4　大喇叭口期“牛尾巴苗”

彩图 68-5　幼苗期“多头苗”

彩图 68-6　蓟马危害时间过长，心叶已腐烂

彩图 68-7　蓟马危害形成的畸形茎

彩图 68-8　蓟马危害田间表现症状

彩图 69-1　蚜虫危害雌穗

彩图 69-2　蚜虫危害雄穗

彩图 69-3　蚜虫危害茎叶

彩图 69-4　蚜虫田间危害状

彩图 70-1　红蜘蛛危害症状呈沙粒状

彩图 70-2　红蜘蛛田间危害状

彩图 70-3　不同品种受红蜘蛛危害程度不同

彩图 71-1　大青叶蝉危害成密集白色斑点

彩图 72-1　赤须盲蝽危害叶片

彩图 73-1　草地贪夜蛾的卵块（潘战胜摄）

彩图 73-2　卵块底部形状（潘战胜摄）

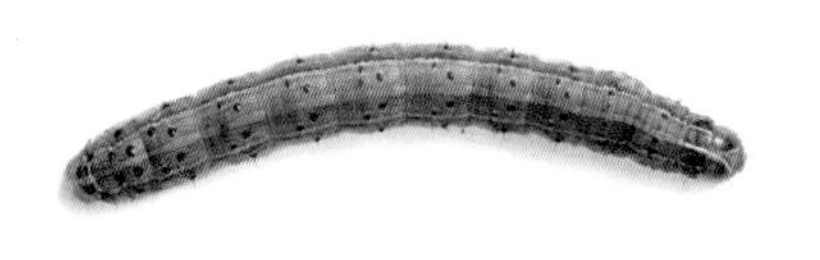

彩图 73-3　高清幼虫（潘战胜摄）

彩图 73-4　头部放大后倒 Y 字形（潘战胜摄）

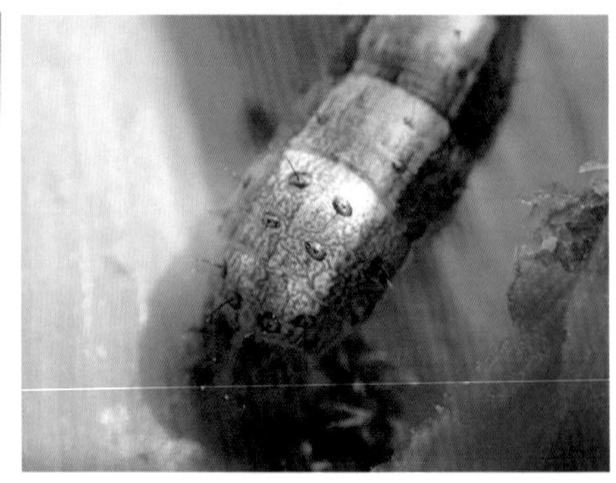

彩图 73-5　尾部有正方形排列四个黑点（潘战胜摄）

彩图 73－6　刚化的蛹（潘战胜摄）

彩图 73－7　蛹（潘战胜摄）

彩图 73－8　雌性成虫（潘战胜摄）

彩图 73－9　雄性成虫（潘战胜摄）

彩图 73－10　玉米叶片半透明“窗孔”（潘战胜摄）

彩图 73－11　草地贪夜蛾危害状（潘战胜摄）

彩图 74－1　黏虫老熟幼虫

彩图 74-2　老熟幼虫危害状

彩图 74-3　叶片被吃光，只余叶脉

彩图 75-1　二点委夜蛾危害，茎基部孔洞

彩图 75-2　心叶萎蔫

彩图 75-3　茎秆被蛀空

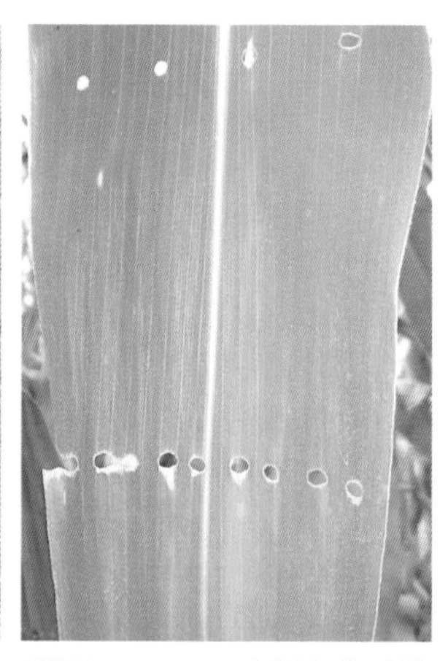

彩图 76-1　玉米螟危害叶片

彩图 76-2　玉米螟蛀食果穗

彩图 76-3　玉米螟危害引起穗腐病

彩图 76-4　玉米螟危害茎秆

彩图 76-5　玉米螟危害造成红叶

彩图 77-1　棉铃虫墨绿色幼虫

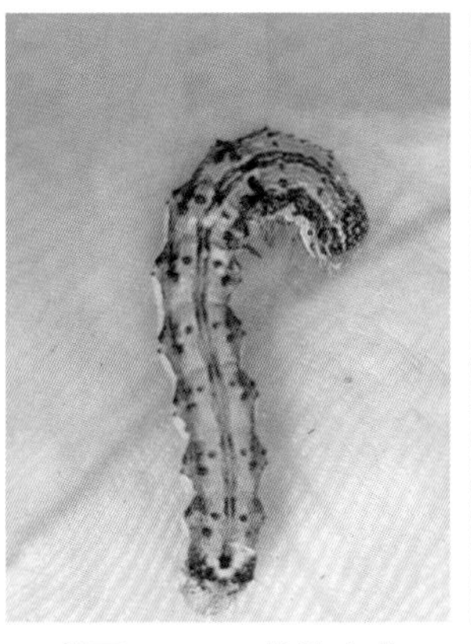

彩图 77-2　棉铃虫黄绿色幼虫

彩图 77-3　棉铃虫青绿色幼虫

彩图 77-4　叶片上的棉铃虫虫粪

彩图 78-1　美国白蛾幼虫

彩图 78－2　美国白蛾危害，叶片只剩中脉

彩图 79－1　玉米根部小地老虎危害状

彩图 79－2　小地老虎危害，心叶边缘黄化

彩图 80－1　双齿绿刺蛾幼虫

彩图 81－1　褐足角胸叶甲危害玉米叶片

彩图 82－1　白星花金龟危害玉米雌穗状

彩图 82-2　白星花金龟取食玉米嫩粒

彩图 82-3　被白星花金龟危害的大量果穗

彩图 83-1　蜗牛危害叶片

彩图 83-2　蜗牛舔食造成叶片大面积缺损

彩图 84-1　高氯药害引起心叶基部腐烂坏死

彩图 84-2　高氯药害引起心叶卷缩干枯

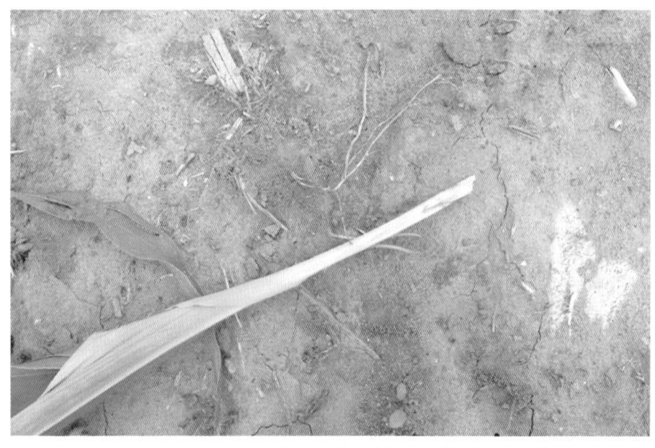

彩图 84-3　高氯药害引起心叶基部腐烂

彩图 84－4　高氯药害玉米田间症状

彩图 84－5　40%乐果药害症状

彩图 84－6　乐果药害引起心叶干枯

彩图 85－1　鸟雀啄食玉米幼苗

彩图 85－2　老鼠偷食，只剩穗轴

彩图 86－1　牛筋草

彩图 86-2　圆叶牵牛

彩图 86-3　裂叶牵牛

彩图 86-4　藜

彩图 86-5　反枝苋

彩图 86-6　狗尾草

彩图 86-7　鸭跖草

彩图 86－8　马齿苋

彩图 86－9　铁苋菜

彩图 86－10　马　唐

彩图 86－11　鬼针草

彩图 86－12　刺　菜

彩图 86－13　龙　葵

彩图 86-14　稗　草

彩图 86-15　苘　麻

彩图 86-16　苍　耳

彩图 87-1　田间正常生长的鸭跖草

彩图 87-2　敌草快防治后的鸭跖草

彩图 87-3　喷施 2,4-滴异辛酯的鸭跖草

彩图 87-4　2,4-滴异辛酯用药前后鸭跖草根系对比

彩图 87-5　残留药害引起叶片斑状白化干枯

彩图 87-6　残留药害引起茎秆白色干枯斑块

彩图 88-1　封闭性除草剂引起幼苗叶片白化

彩图 88-2　重喷封闭性除草剂，植株叶片白化

彩图 89-1　白　茅

彩图 89-2　打碗花

彩图 89-3　葎　草

彩图 89-4　鹅绒藤

彩图 89-5　刺　菜

彩图 90-1　硝磺草酮・莠去津防效

彩图 90-2　烟嘧・莠去津防效

彩图 90-3　烟・硝・莠防效

彩图 90-4　氯氟吡氧乙酸防效

彩图 91-1　硝磺草酮残留药害

彩图 91-2　硝磺草酮残留田间危害状

彩图 91-3　烟·硝·莠残留药害

彩图 91-4　烟·硝·莠残留田间危害状

彩图 92-1　苗后除草剂和毒死蜱混合喷施后，植株失水萎蔫

彩图 92-2　苗后除草剂和毒死蜱混合喷施 10 天后症状

彩图 93-1　2,4-滴异辛酯类药害引起卷心状

彩图 93-2　2 钾 4 氯钠盐药害引起叶片葱叶状

彩图 93-3　2,4-滴异辛酯类药害引起植株倾斜

彩图 93-4　2,4-滴异辛酯类药害引起植株断裂倒伏

彩图 93-5　2,4-滴异辛酯类药害引起气生根鸭掌状

彩图 93-6　2,4-滴异辛酯类药害引起气生根畸形增生

彩图 94-1　氯氟吡氧乙酸异辛酯药害引起“牛尾巴”状

彩图 94-2　氯氟吡氧乙酸异辛酯药害引起植株基部节间弯曲

彩图 94-3　氯氟吡氧乙酸异辛酯药害引起植株倾斜且节间出现裂口

彩图 94-4　氯氟吡氧乙酸异辛酯药害引起茎基部肿胀弯曲，气生根畸形

彩图 95－1　草甘膦药害引起植株枯黄

彩图 95－2　草甘膦药害引起植株枯死

彩图 95－3　草甘膦药害，须根已枯死

彩图 96－1　敌草快误喷导致药害

彩图 96－2　防除路边杂草引起草铵膦药害

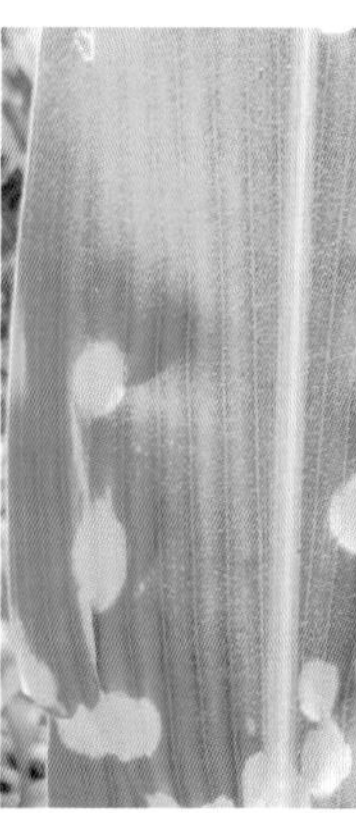

彩图 96－3　敌草快药害引起枯斑

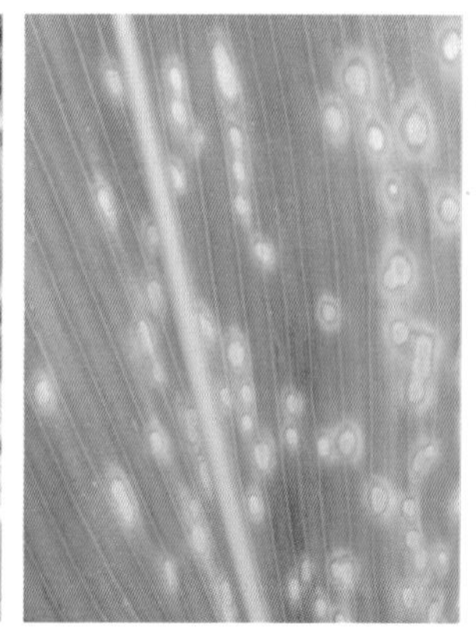

彩图 96－4　疑似药害的圆斑病病斑

彩图 97－1　喷施了甲嘧磺隆的玉米田

彩图 97－2　流过残留甲嘧磺隆雨水的地块

彩图 97－3　流过残留甲嘧磺隆雨水的玉米长势

彩图 98－1　硝磺草酮・莠去津药害致叶片白化

彩图 98－2　硝磺草酮・莠去津药害田间症状

彩图 99－1　叶烟嘧磺隆・莠去津药害致中部黄化

彩图 99-2　苗期田间药害状

彩图 99-3　拔节期田间药害状

彩图 99-4　叶片卷曲呈弓状

彩图 99-5　叶缘呈撕裂状

彩图 100-1　乙草胺·恶草灵药害致白色烧灼斑点

彩图 100-2　药害引起上部叶片干枯

彩图 100-3　药害发生的田间症状

彩图 101-1　玉米根倒伏

彩图 101-2　玉米茎倒伏

彩图 101-3　玉米茎倒折

彩图 101-4　大喇叭口期玉米倒伏

彩图 101-5　大喇叭口期玉米倒伏，趋光生长逐渐起身

彩图 102－1　霜冻危害引起上部叶片干枯

彩图 102－2　低温冷害植株生长缓慢

彩图 103－1　苗期天气干旱引起卷叶

彩图 103－2　拔节期天气干旱引起卷叶

彩图 103－3　干旱导致抽雄过早

彩图 103－4　干旱引起苞叶发育停滞短小

彩图 103－5　干旱影响授粉受精，形成透明秕粒

彩图 104－1　雨后玉米泡在水中

彩图 104－2　水涝后玉米苗黄化卷叶

彩图 104－3　水涝引起玉米卷心

彩图 104－4　水涝过后引起玉米早衰

彩图 105-1　烧麦秸炙烤引起玉米苗上部叶片干枯

彩图 105-2　麦田火灾烧毁相邻玉米苗

彩图 105-3　小拱棚高温烤苗

彩图 106－1　玉米苗被冰雹砸散

彩图 106－2　遭受冰雹危害后玉米苗恢复生长

彩图 106－3　灌浆期玉米遭遇冰雹成光秆

彩图 107－1　酸雨灼烧危害

彩图 107－2　粉尘造成玉米上部叶片黄化

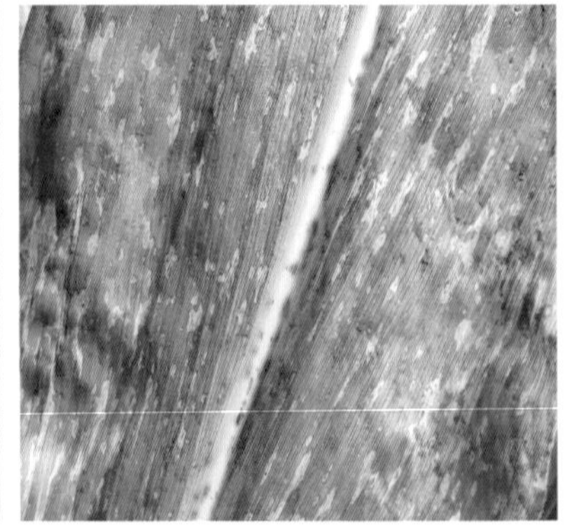

彩图 107－3　钢厂附近玉米叶片烧灼斑

彩图 108-1　种肥药一体化精量播种机

彩图 109-1　气吸式精量播种机

彩图 109-2　指夹式精量排种器

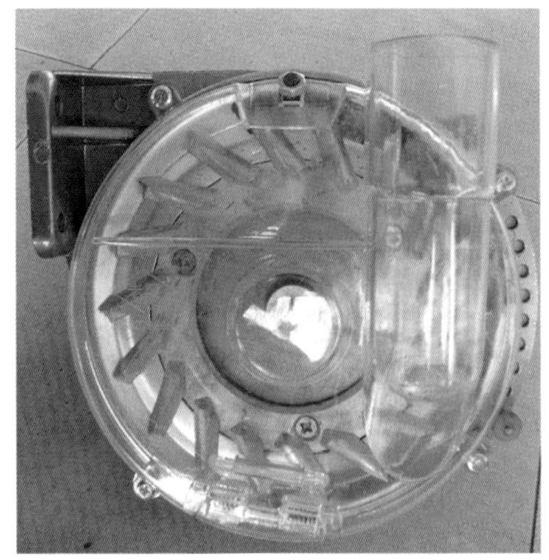

彩图 109-3　勺轮式精量排种器

彩图 110-1　无人机作业不规范导致桃树遭受除草剂药害

彩图 110－2　微风天气无人机作业导致大豆遭受除草剂药害

彩图 111－1　发霉玉米

彩图 112－1　玉米秸秆挤压成块

彩图 113－1　玉米秸秆全株收割

彩图 113－2　玉米秸秆全株收割打包青贮

图书在版编目（CIP）数据

玉米高质高效生产200题 / 陈亚东著．—北京：中国农业出版社，2023.6

（码上学技术．绿色农业关键技术系列）

ISBN 978-7-109-30834-3

Ⅰ．①玉…　Ⅱ．①陈…　Ⅲ．①玉米—高产栽培—栽培技术—问题解答　Ⅳ．①S513-44

中国国家版本馆CIP数据核字（2023）第118503号

玉米高质高效生产200题

YUMI GAOZHI GAOXIAO SHENGCHAN 200WEN

中国农业出版社出版

地址：北京市朝阳区麦子店街18号楼

邮编：100125

责任编辑：郭银巧　　文字编辑：李　莉

版式设计：王　晨　　责任校对：吴丽婷

印刷：中农印务有限公司

版次：2023年6月第1版

印次：2023年6月北京第1次印刷

发行：新华书店北京发行所

开本：880mm×1230mm　1/32

印张：4.5　　插页：32

字数：150千字

定价：39.80元
